10	11	12	13	14	15	16	17	18
								2He ヘリウム 4.003
			5B ホウ素 10.81	6C 炭　素 12.01	7N 窒　素 14.01	8O 酸　素 16.00	9F フッ素 19.00	10Ne ネオン 20.18
			13Al アルミニウム 26.98	14Si ケイ素 28.09	15P リ　ン 30.97	16S 硫　黄 32.07	17Cl 塩　素 35.45	18Ar アルゴン 39.95
28Ni ニッケル 58.69	29Cu 銅 63.55	30Zn 亜　鉛 65.38	31Ga ガリウム 69.72	32Ge ゲルマニウム 72.63	33As ヒ　素 74.92	34Se セレン 78.97	35Br 臭　素 79.90	36Kr クリプトン 83.80
46Pd パラジウム 106.4	47Ag 銀 107.9	48Cd カドミウム 112.4	49In インジウム 114.8	50Sn ス　ズ 118.7	51Sb アンチモン 121.8	52Te テルル 127.6	53I ヨウ素 126.9	54Xe キセノン 131.3
78Pt 白　金 195.1	79Au 金 197.0	80Hg 水　銀 200.6	81Tl タリウム 204.4	82Pb 鉛 207.2	83Bi* ビスマス 209.0	84Po* ポロニウム (210)	85At* アスタチン (210)	86Rn* ラドン (222)
110Ds* ダームスタチウム (281)	111Rg* レントゲニウム (280)	112Cn* コペルニシウム (285)	113Nh* ニホニウム (278)	114Fl* フレロビウム (289)	115Mc* モスコビウム (289)	116Lv* リバモリウム (293)	117Ts* テネシン (293)	118Og* オガネソン (294)

64Gd ガドリニウム 157.3	65Tb テルビウム 158.9	66Dy ジスプロシウム 162.5	67Ho ホルミウム 164.9	68Er エルビウム 167.3	69Tm ツリウム 168.9	70Yb イッテルビウム 173.0	71Lu ルテチウム 175.0
96Cm* キュリウム (247)	97Bk* バークリウム (247)	98Cf* カリホルニウム (252)	99Es* アインスタイニウム (252)	100Fm* フェルミウム (257)	101Md* メンデレビウム (258)	102No* ノーベリウム (259)	103Lr* ローレンシウム (262)

(　)内に示した。

基礎の化学

田中俊逸・神谷裕一・廣川　淳・中村　博　共著

三共出版

まえがき

私たちは様々な物質に囲まれて生活している。それらの物質のあるものは自然環境に存在し，あるものは宇宙空間にあり，また，私たちの体の中でつくられたもの，工場で製造されたものもある。これらの物質についての理解が深まれば，自然をより深く知ることができ，地球や宇宙の成り立ちを知ることができる。体の中で産生される物質やその変化を知ることで健康の維持や病気の治療の可能性も広がる。物質を深く正しく知るための学問が物質科学，すなわち化学である。

物質は全て原子から構成され，原子の集合体あるいは原子が結合してできた分子やその分子の集合体として存在する。物質の性質もその物質を構成する原子や分子の種類や分子の構造，その電子状態に依存する。したがって物質をより深く理解するためには，物質を原子・分子のレベルで見ることができる化学の目が必要となる。私たちの目では原子や分子を直接見ることはできないが，物質を原子・分子のレベルで考えることが化学の目となりうる。本書は，大学の初等教育において物質を正しく理解するための化学の目を養ってもらいたいと思って執筆されている。この化学の目を持っていれば，理学，工学，医学，農学等様々な専門分野に進んだときに遭遇する多くの物質についてより正確に深く理解することが可能になるであろう。

本書は大学初等教育の前期 15 回の授業を想定して構成されている。限られた時間の中で原子・分子レベルで物質をとらえることのできる化学の目を養うために，本書の構成を原子の構造と周期律（第 3 章）と化学結合の生成（第 4 章）を中心とし，これに化学の起源と発展（第 1 章），原子核と元素の起源（第 2 章），また物質の理解を進めるために物質の構造と性質（第 5 章）と物質の三態（第 6 章）にしぼった。化学として他にも学ばなければならない事項は多くあるが，短時間に多くの内容を盛り込んで理解が不十分のままに終わることにならないように内容を厳選した。化学の目さえ身に着けてしまえばあとは自学自習でも十分理解できると考えてのことである。

本書は，『物質化学の基礎』（多賀光彦，中村博，吉田登共著）を参考にし新たに執筆したものである。比較的短時間に完成できたのも同書の御蔭であり，執筆者の方々に感謝の意を表したい。執筆においてはなるべくわかりやすくを目標に執筆したつもりであるが，表現の誤りやわかりにくい点などがあるときには遠慮なく御教示賜りたい。

最後に，本書を出版するにあたってご尽力いただいた三共出版の方々，特に秀島功，飯野久子両氏に心から感謝の意を表したい。

平成 27 年 3 月

著者一同

目　次

第４章　化学結合の生成

第５章　物質の構造と性質

第6章　物質の三態

第1章　化学の起源と発展

人間は自然の中に生まれ，自然の多くの現象を眺め，多くの物質を利用し，また火をコントロールすることを覚えて他の動物と異なる道を踏み出した。人類と自然との深いかかわりの中から，自然現象の中にある法則を見いだし，これを体系化する自然科学が生まれた。自然科学は自然の中に存在する物質とそれらの示す現象に関する学問であり，発展の頭初から物理学，化学，生物学，地学などいくつかの分野にわけられ，相互の関連のもとで築かれてきた。

化学は自然科学の中にあって，特に物質の学問と考えられ，物質の構造や性質，それらの変化とエネルギーの関わりなどについて調べ，その中にある規則性を見出して法則を導入し，理論を組み立て，また体系を築き上げるものである。さらに得られた知識を基に，新しい有用な物質を作り出そうという学問である。ひいては人類の幸福と文明の向上に貢献し，すべての生物をはじめ全地球の環境保全に深く寄与することが化学の大きな目標と考えることができる。

1-1　古代の化学と元素

人類の歴史に較べると科学の歴史ははるかに新しいもので，科学が“科学”として体系化されたのは16世紀の末頃であり，化学は天文学や物理学に次いで芽生えた。しかし，化学的現象の発見やその利用は古代エジプト文明において見ることができ，たとえば酒の製造，酒から酢への変換，焼物とその釉薬，ガラスの製造，動・植物からの油脂や色素の抽出，染色，さらに金属鉱物からの金属の製錬など，多くのすぐれた技術が培われていた。化学（chemistry）の語源は，エジプトの肥沃な黒い土を意味するケム（chem）であると言われ[1]，化学のルーツは古代エジプトにあるといえる。

これらエジプトの技術はギリシャに伝えられた。古代ギリシャでは，宇宙のすべての物質は少数の基本的な物質（元素）からなると考えられていた。最初に出されたのは物質一元説であり，土（ヘシオドス[2]），水（タレス[3]），空気（アナクシメネス[4]），火（ヘラクレイトス[5]）などが元素とされた。ついで，これらをまとめた四元素説（エンペドクレス[6]）が出され，これらは互いに移り変わることはないと考えた。しかし，アリストテレス[7]はさらに根源物質として第五元素を想定し，4つの元素はこの第五の元素を通して移り変わるとした。

東洋では，インドに地，水，風，火を元素とする四大説，これに空を加えた五大説（シャカ[8]），および中国では土，火，木，金，水を含む陰陽五行説などがあった。

1）ケムまたはケマ（chema）は，化学がエジプトで発祥したためその語源になったといわれる。

2）Hesiodos（ギリシャの叙事詩人，B.C.700年頃）

3）Thales（ギリシャの賢人，B.C.600年頃）すべての事物は水から生じると説いた。

4）Anaximenes（ギリシャの哲学者，B.C.550年頃）万物の根源は空気であるとした。

5）Herakleitos（ギリシャの哲学者，B.C.510年頃）

6）Empedokles（ギリシャの哲学者，B.C.460年頃）地・水・火・風を万物の根源物質とした。

7）Aristoteles（ギリシャの哲学者，B.C.350年頃）万物は，水・土・火・空気の4元素とエーテルで構成されるとした。

8）シャカ（インド仏教の開祖，B.C.566～486年）

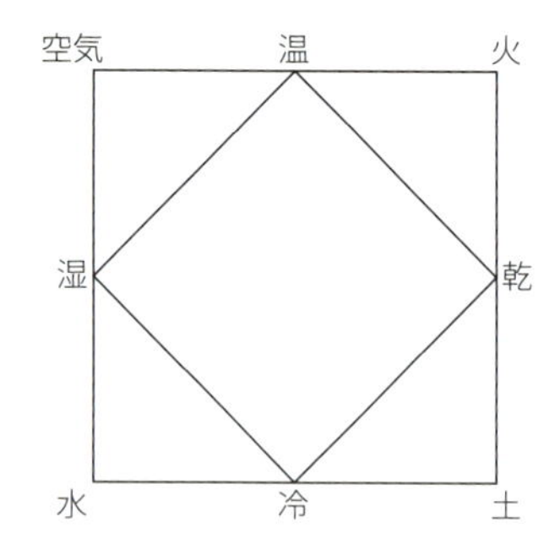

図 1-1　アリストテレスの 4 元素と 4 つの性質

1-2　中世の化学と錬金術

エジプトに起こり培われた化学的技術は，ギリシャの科学思想とともにアラビアの世界に移り，そこで元素の移り変わりを主張したアリストテレスの思想を理論的な拠り所として錬金術（alchemy）が生まれた。錬金術はアラビアの化学（al-kimia）を語源とし，鉛や水銀などの卑金属を金に変えようとする技術である。その後，12 世紀頃に錬金術はヨーロッパに伝えられ，18 世紀末まで多くの人々を熱中させ，数々の悲・喜劇を展開した。

化学反応によって，ある元素から他の元素への変換は起こらないことは今日では誰でも知っている。したがって，錬金術師たちの金を創り出そうという試みはことごとく失敗に終った。しかし，彼らの金を作り出そうとする熱意と努力は，酸・塩基をはじめ，多くの化合物や種々の金属の性質を明らかにし，また実験に用いるフラスコ，ビーカーあるいは“るつぼ”など，現在もなお利用されている器具や装置を数多く発明した。今日の化学実験の基礎を築いた彼らの功績は極めて大きい。

1-3　近世の化学と科学的思考の芽生え

暗黒の錬金術を抜け出し，近代化学の門を開いたのはボイル[9]であった。ボイルは，ベーコン[10]が 17 世紀頭初に提唱した経験的，実証的哲学を化学の領域に取り入れ，「真の科学は観察と実験に基礎をおいた帰納的手法に依らねばならない」と主張した。彼は自らも実験を重ねて

「気体の圧力と体積は反比例する」

ことを見いだした。これがボイルの法則であり，1662 年のことであった。

9）　R. Boyle（イギリスの化学者・物理学者，1627 ～ 1691 年）　貴族の出身でスイス，イタリアで学ぶ。実験や観察に基づいて化学理論を立てることを説き，化学実験の基本となる方法を確立した。

10）　F. Bacon（イギリスの哲学者，1561 ～ 1626 年）経験的方法を重視する帰納法を提唱した。

法則の導入　自然科学の大きな目的である法則は次のようにして導かれる。

1)　自然界に起こる現象を観察する，また実験を積み重ねて多くの事実を知る。

2)　これらの事実に共通する事柄を抽出し記述する。この記述が法則である。このような方法を帰納的方法という。さらに新しい事実がこの法則に一致したとき，法則は実証されたといい，一段と信頼性が高くなり，真理に近づく。

現象を説明するため，ある仮定を設けて仮説を組み立てる。この仮説が実験により実証されたとき法則となる。このような方法は演繹的方法といわれる。

質量保存の法則　ラボアジェ[11]は化学の領域に天秤をもち込み

「化学反応の前後で質量が変わらない」

ことを見いだした。これが質量保存の法則（1774 年）である。

当時，物が燃えるという現象の説明に燃素説[12]があった。すなわち燃えやすい物質の中には燃素（フロジストン）が含まれていて，燃焼によりこれが逸散するというものである。燃素の実体はもちろん不明であった。

燃えるもの ⟶ 燃素（フロジストン）＋灰

たとえば，ローソクが燃えて小さくなり，やがてなくなることは事実である。一見，燃素説はこの事実を都合よく説明しているようであるが，この変化の過程で空気中の酸素が消費され，水蒸気と二酸化炭素が放出されていることを見落していたことになる。ラボアジェは変化に関わるすべての物質を閉じ込めたままにしておくと，変化に関係する物質の質量の総和は変らないことを実験的に確かめた（図 1-2）。この結果は燃焼に関する燃素説に終止符を打つとともに

「物質の本質である“全く変化しないもの”は物質の質量である」

ことを明らかにした。

11)　A.L. Lavoisier（フランスの化学者，1743 ～ 1794 年）最初は法律を学ぶが地質調査にも興味を持つ。自宅の実験室で多くの化学実験を行う。燃焼に関するフロギストン説を否定するとともに，質量保存の法則を明らかにした。

12)　シュタール（G.E. Stahl，ドイツの医学者・化学者，1660 ～ 1734 年）が唱えたもので，約 1 世紀の間支持されていた。

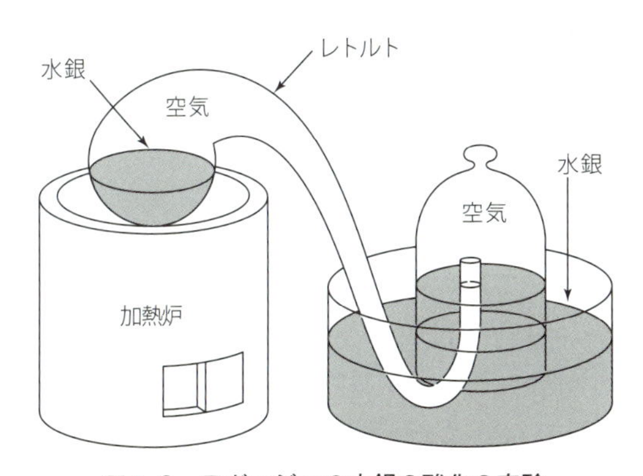

図 1-2　ラボアジェの水銀の酸化の実験

$$2Hg + O_2 \longrightarrow 2HgO$$

13） J.L. Proust（フランスの化学者，1754～1826年）病院薬剤師を経て，マドリードの王立実験所で多数の化合物の分析を行う。

定比例の法則 プルースト[13]は多くの実験結果から

「化合物を構成する元素の質量の比は常に一定である」

ということを見いだした。当時，「化合物を構成する元素の物質の比は一定ではなく，ある範囲にある」とするベルトレーの考えと対立したが，プルーストの説が定比例の法則として認められた（1799年）。

1-4 ドルトンの原子説

ドルトン

14） J. Dalton（イギリスの化学者，1766～1844年）貧農の出身で，小学校のみであとは独学する。

ドルトン[14]は1808年に出版した著書の中で原子に対する1つの考えを展開し，当時発見されていた質量保存の法則，定比例の法則をうまく説明した。その要点は次のようである。

1） すべての物質は原子という分割することのできない粒子からなる。

2） 原子は新たにつくることも，こわすこともできない。

3） 各元素はそれぞれ固有の原子からなり，同一元素の原子はすべて同じである。

4） 物質はそれを構成する元素の原子が整数個結合した複合原子からなる。

ドルトンは複合原子内の原子の数を決める手段を知らなかったが，独自の元素記号（図1-3）を考案し，その結合に関して次のような仮説をたてた。

i） 2つの元素から1種の化合物ができるとき，最も可能性の大きいのは1つずつの原子からなる2原子の化合物である。

ii） 同じ元素からなる化合物が2種類あるときは，2原子化合物と3原子化合物である。

この仮説に対し，ドルトンは自ら多くの実験を重ねて

「2種の元素が結合して2種またはそれ以上の化合物をつくるとき，一方の元素の一定量と化合する他の元素の量は互いに簡単な整数比をなす」

という**倍数比例の法則**をみつけ，自らの原子説を支持した。

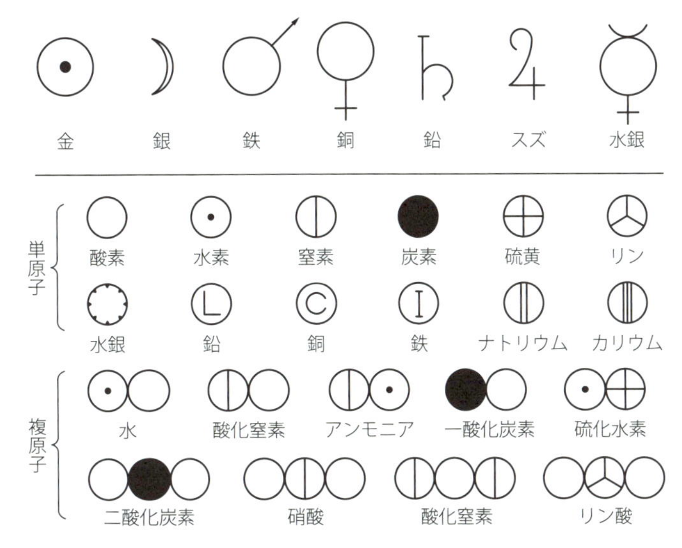

図 1-3　古代の元素記号と（上）とドルトンの元素記号

ドルトンの原子説はラボアジェの元素認定についで，長い期間続いた元素の相互変換の考え，およびその考えに基礎をおいた錬金術に終止符を打った。すなわち

「物質の本質は元素であり，元素は固有のしかも不変の粒子である原子からなる」

としたのである。

1-5 分 子 説

ゲイ・ルサック[15] は気体反応の実験結果から

「気体どうしが反応するときそれら気体の体積は簡単な整数比をなす」

ことを見いだした。これが気体反応の法則（1808 年）である。さらに彼はドルトンの原子説と合せて考察し，すべての気体は同体積中に同数の原子を含むと考えた。しかし，この考えを実験事実にあてはめると重大な矛盾に直面した。例えば，酸素と水素とから水（水蒸気）ができる反応についてみると，酸素原子を 2 つに分割しなければならない（図 1-4）。

15） J.L. Gay-Lussac（フランスの物理学者，1778 ～ 1850 年）パリのエコール・ポリテクニクに学び，1808 年にソルボンヌ大学の物理学教授となる。

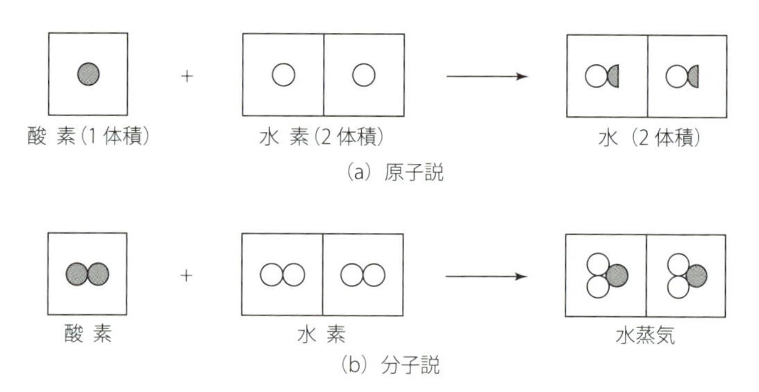

図 1-4　原子説，分子説による水の生成

16) A. Avogadro（イタリアの化学者・物理学者，1776 ～ 1856 年）最初法律を学ぶが後に独学で数学，物理学を学ぶ。

アボガドロ[16] はそこで，ドルトンの複合原子に注目して，

「酸素も水素もともに 2 つの原子が結びついた形で存在している」

と考え，これを分子と呼んだ。これが分子説（1811 年）である。分子説によれば上述の水の生成について原子を分割する必要がなくなる。

アボガドロは分子説に基づいて，ゲイ・ルサックの考えを修正し

「すべての気体は同温・同圧・同体積中に同数の分子を含む」

とし，この考えを基に多くの気体の分子量を求めた。

アリストテレスが水，空気，火，土の四大元素とこれらを結ぶ第五の元素の存在を唱え，これを拠り所とした錬金術が化学的技術に貢献してきた。以来 2000 年をへて，ラボアジェは質量保存の法則の発見により物質の本質で変化しないものは質量であることを認めた。また当時までに知られていた基本的と考えられる物質 33 種を元素と認定した（表 1-1）。

またドルトンは原子説により，原子の不変性を唱え，錬金術の考えを否定した。19 世紀には，この考えを基に化学は新しい発展をすることになり，その成果は新元素の発見にもみられる（表 1-2）。

表 1-1　ラボアジェの認定した元素（1789 年）

金属元素
Sb，As，Bi，Co，Cu，Fe，Mn，Hg，Mo，Ni，Au，Pt，Ag，Sn，Pb，W，Zn
非金属，酸の成分
O，N，H，S，P，C
塩酸根（Cl），フッ酸根（F），ホウ酸根（B）
酸化物を誤って元素としたもの
チョーク（CaO），マグネシア（MgO），バリタ（BaO），アルミナ（Al_2O_3），シリカ（SiO_2）
全く誤りであるもの
光素（lumière），熱素（calorique）

表 1-2　19 世紀末までの新元素の発見

1789（ラボアジェ）	表 1-1 参照	(33)
1790 ~ 1799	U，Zr，Sr，Ti，Y，Be，Cr，Te	(8)
1800 ~ 1809	Na，K，Nb，Rh，Pd，Ce，Ta，Os，Tr	(9)
1810 ~ 1819	Li，Se，Cd，I	(4)
1820 ~ 1829	Br，Th	(2)
1830 ~ 1839	V，La	(2)
1840 ~ 1849	Ru，Tb，Er	(3)
1850 ~ 1859		(0)
1860 ~ 1869	Rb，In，Cs，Tl	(4)
1870 ~ 1879	Sc，Ga，Sm，Ho，Tm，Yb	(6)
1880 ~ 1889	Ge，Pr，Nd，Gd，Dy	(5)
1890 ~ 1899	He，Ne，Ar，Kr，Xe，Po，Ra，Ac	(8)

1-6　現代の化学

原子に関する重要な発見が 19 世紀末頃から 20 世紀初頭にかけて相次いでなされ，原子はドルトンの考えたような分割することのできない究極の粒子ではなく，いくつかの素粒子[17]からなっていることがわかってきた。またキュリー夫妻[18]によりラジウムが発見され，それは放射線を放出して他の元素に変わることが明らかになった。このようにしてドルトンの原子説，および元素の不変説は否定され，錬金術師の夢であった元素の変換についての確かな証拠が与えられた。

現代の化学は元素の本質のみならず，多くの物質の性質や構造を明らかにし，また有用な物質を数多く作り出し，文明の発展に大きく貢献してきた。

17）物質を構成する基本的な粒子で，1930 年前半には陽子，中性子，電子，光子などが見出され，現在までに存在が確認されたものは 200 種類以上にも達している。

18）P. Curie（フランスの物理学者，1859 ～ 1906 年）ソルボンヌ大学を卒業し，マリーキュリーと共同でポロニウムとラジウムの発見によりマリーとともに 1903 年にノーベル物理学賞を受賞。

M.Curie（ポーランド生まれの物理学者，P.Curie の妻，1867 ～ 1934 年）ポーランドで家庭教師をしながら数学と物理学を独学。その後ソルボンヌ大学でピエールと知り合い結婚。ポロニウムとラジウムの放射能の研究で 1903 年にノーベル物理学賞，1911 年にノーベル化学賞を受賞。

章末問題

1） 自然科学における法則はどのような過程で確立されるか，例をあげて説明せよ。

2） 化学の基本法則を例をあげて説明せよ。

3） ドルトンの原子説の化学に対する意義について解説せよ。

4） 錬金術の化学への寄与について述べよ。

第2章　原子核と元素の起源

原子は，正に荷電した原子核と，負に荷電した電子から構成されている。原子核の質量に比べると電子の質量は圧倒的に小さく，質量のほとんどは原子核の質量であることになる。この原子核は，どのようにしてできているのであろうか。また，原子核の中には自然に崩壊していくもの，核分裂を起こしてエネルギーを放出するものもある。このような原子核の性質をどのように我々は利用しているのであろうか。

2-1　原子核と同位元素

水素原子の質量を 1 とした時，他の元素の質量はほぼ整数で表される。例えば，炭素は約 12，窒素は約 14，酸素では約 16 となる。また，原子核のもつ正電荷の大きさも水素の原子核のそれの整数倍となっている。しかしこの電荷の比と質量の比は，水素原子以外は一致しない。これらの事実と元素の質量がほぼその原子核の重さに等しいことを考え合わせると，原子核は，正に荷電した粒子（陽子）と，陽子とほぼ同じ質量をもち電荷的には中性な粒子（中性子という）とがそれぞれ整数個集まって構成されていると考えられる。また，前章で述べたように，元素としての性質は電子の数で決まっている。このことは，原子核の持つ正電荷の大きさで決まっているとも言える。すなわち，元素の化学的性質を決定しているのは陽子の数であり，**原子番号**に等しい。また，質量（原子量）を決定しているのは，陽子と中性子の合計である。この数を**質量数**という。また，質量数が違っていても陽子の数（原子番号）が同じであれば化学的には同じ性質を示す。この原子番号が等しく質量数の異なる原子のことを**同位元素**（同位体）という。

このような原子核の質量を正確に測定することができるのは磁場を利用した「質量分析器」と呼ばれる装置である。この装置によって水素や酸素は単一の物質ではなく，数種の質量の異なる原子の混ざった物であることがわかった。例えば，天然に存在する水素は，質量数 1 の軽い水素と質量数 2 の重い水素（重水素と呼ばれている）[1] の混合物であり，その存在比は，約 10000：1.5 である。また，炭素や酸素などの元素も質量数の異なった原子の混合物である。それらを区別するため次のように質量数を元素記号の左上に，原子番号を左下に書く。

質量数 ･･････2
原子番号 ････1 $\,{}^{2}_{1}\mathrm{H}$

さて，原子の質量を表すには，その 1 個の質量を kg 単位で表すこ

1）軽水素と区別するために重水素には元素記号として D を用いることが多い。

とは，非常に小さい数値になるので実用的でない。そこで，現在では炭素の同位元素の 1 つである ^{12}C の質量を基準とし，それを 12 として他の原子の質量を定義する。すなわち，他の原子の質量は炭素の 12 との相対値を用いることにしている[2)]。例えば $^{12}C = 12$，$^{1}H = 1.007825$ などとなる。原子の質量と言うときには，これらの数値を用いる。

2) 当初，原子量の基準は酸素の原子量を 16.0000 として各元素の原子量を算出していた。しかし，詳しい測定により酸素も ^{16}O，^{17}O，^{18}O の混合物であり，その同位体比の変動によっては基準そのものが変わってしまい，不都合であることがわかった。そのため，1961 年に質量数 12 の炭素の同位体の原子量を 12 とすることが国際純正・応用化学連合（UUPAC）の国際原子量委員会において決められ，現在の原子量の基準になっている。

元素に一種類の同位体しか存在しないときは，その原子量はその原子の質量そのものである。しかし，上記のように質量の異なる同位体が混ざっている場合には，その平均値を用いて原子量を取り扱う方が便利である。この平均値としては，加重平均を用いる。例えば，水素の原子量については，^{1}H と ^{2}H との 2 種がそのほとんどである。それらの質量は，それぞれ 1.007825 と 2.014102 であり，天然の存在比は 99.985 と 0.015 であるので，その重量平均を計算すると

$$H = \frac{99.985 \times 1.007825 + 0.015 \times 2.014102}{99.985 + 0.015} = 1.007976 \qquad (2\text{-}1)$$

となる。また，同様に，核燃料として重要な元素であるウランは ^{234}U，^{235}U，と ^{238}U の混合物でありそれぞれの存在比から

$$U = \frac{0.0055 \times 234.040947 + 0.72 \times 235.043925 + 99.2745 \times 238.050786}{0.0055 + 0.7200 + 99.2745} = 238.289161 \qquad (2\text{-}2)$$

となる。

しかし，この同位体の天然での存在比は，その産出する地域によって若干の差異が見られる場合があり，存在比の変動の大きい元素については有効数字の桁数は小さい。このようにして算出した原子量（後見返しに記載）が国際的に用いられている原子量となっている。

この質量数の違う同位体は，その化学的性質がお互いにほとんど同じであるため，化学的に分離することは非常に困難である。核燃料として用いられているウランでは ^{238}U 中に微量含まれる ^{235}U を濃縮する必要があるが，この ^{238}U と ^{235}U の分離では，レーザーを用いて選択的に分子を励起する方法や，遠心分離などの物理的方法を数多く繰り返すことで分離している。

一方，水素中に含まれる重水素を取り出すに時には，水が次式に表されるような H^{+} と OH^{-} に解離する度合い（イオン積：Kw）が異なり，その結果，水の電気分解の反応速度が重水素と軽水素で大きく異なることを利用して分離することができる。すなわち，軽水素が先に水素ガスとして生成し，重水素に富んだ水が残ることを利用する。

$$H_2O \rightleftarrows H^{+} + OH^{-},\ 2H^{+} + 2e \longrightarrow H_2\uparrow \qquad (2\text{-}3)$$

表 2-1　$^{1}H_2O$ と $^{2}H_2O$（D_2O とも書く）の物性の違い

	$^{1}H_2O$	$^{2}H_2O$
沸点（℃）	100	101.4
融点（℃）	0	3.8
密度（$g \cdot cm^{-3}$，20℃）	0.9982	1.1051
蒸発熱（$kJ \cdot mol^{-1}$）	40.66	41.50
イオン積（$mol^{2} \cdot l^{-2}$）	1×10^{-14}	1.6×10^{-15}

このようにして分離された同位体は，化学的性質がほぼ同じであるが，物理的な手段で検出ができる元素も多く，生化学反応などで分子中の特定の原子を**標識**するのに使われる。例えば，次式の加水分解反応で a と b のどちらの結合が開裂するかを確かめるときには ^{17}O で標識した化合物を用いる。生成したエタノールと酢酸のどちらに ^{17}O が含まれているかは質量分析装置や核磁気共鳴などの方法で測定することによって確かめることができる。エタノールだけに ^{17}O が含まれていれば，b では開裂が起こらず a で起こっていることになる。

さらに，次節で述べる放射性同位元素を用いると，原子から発する放射線によって容易に検出できるので，放射性でない同位元素と区別でき，原子の標識として多くの分野で用いられている。

$$CH_3C(=O)\overset{a}{-}{}^{17}O\overset{b}{-}CH_2CH_3 \longrightarrow CH_3C(=O)OH + H^{17}OCH_2CH_3 \qquad (2\text{-}4)$$

2-2　放射性元素

1895 年にレントゲン[3] が X 線を発見したが，その翌年の 1896 年ベクレル[4] はウラン（U）の化合物から，物質を透過し，写真乾板を感光させる放射線が出ていることを発見した。ついで 1898 年キュリー夫妻はウラン鉱石であるピッチブレンド（UO_2 を含む）中に，ウランよりはるかに強い放射能をもつポロニウム（Po）とラジウム（Ra）を発見した。このように放射線を出す元素はいろいろ知られるようになったが[5]，この原子が放射線を出す性質を**放射能**と呼ぶ。原子番号が大きいラジウムやウランなどは安定同位体が存在せず，すべての同位体が放射性を持つ。そのような元素を**放射性元素**という。カリウム 40 のように一部の同位体で放射性を持つものは，それを放射性同位体という。

一般に，物質が化学変化をするときには，元素そのもの，つまり原子核は全く変化せず，まわりの電子の状態が変化するだけである。しかし，このような放射能を有する元素・同位体では，その原子核は安定ではなく自発的に分解して，別の元素へと変化してゆく。そして，

3） W.C. Röntgen（ドイツの物理学者，1845 ～ 1923 年）オランダのユトレヒトで初等教育を受けた後，スイスのチューリッヒ工科大学で学んだ。真空放電管を用いて陰極線の研究中に偶然 X 線（未知の放射線という意味）を発見した。1901 年第 1 回目のノーベル物理学賞を受賞した。

4） A.H. Becquerel（フランスの物理学者，1852 ～ 1908 年）パリのエコール・ポリテクニクで学ぶ。1903 年にノーベル物理学賞を受賞。彼の名前は，放射性物質の量を表す単位ベクレル（Bq）として用いられている。

5） 原子番号 84 の Po 以上の元素は放射性元素であるが，原子番号 93 の Np 以上の元素は天然には存在せず，これらの元素は人工放射性元素と呼ばれている。

最終的には安定な元素となる。このような原子核の変化を「**原子の壊変**」もしくは「**崩壊**」と呼び，その時に放射線が放出される。

このような放射線に対し，進行方向に垂直に磁気をかけると，その進行方向の曲がるものが存在する。通常の放射線は，その進行方向の曲がり方によって 3 種類に分類することができる。これらのうち，磁場をかけても全く影響をうけないものを γ 線と呼んでいて，これは大きなエネルギーをもつ電磁波である。電荷をもたないので磁場の影響は受けない。他の 2 つは，磁場で曲げられる性質から，電荷を持っていることがわかる。これらは正の電荷をもつ α 線と負の電荷をもつ β 線とに分類される。

表 2-2　α 線，β 線，γ 線の比較

	α 線	β 線	γ 線
本体	ヘリウムの原子核	電子	電磁波
透過力	最も弱い	α 線より強い	最も強い
感光作用 イオン化作用	最も強い	α 線より弱い	最も弱い
速度	放射性元素によって異なる	放射性元素によって異なる	光の速度に等しい

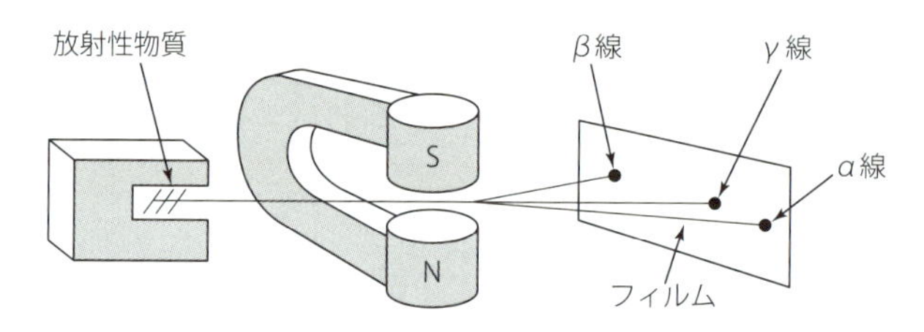

図 2-1　磁場による α 線，β 線，γ 線の偏曲

α 線は正の電荷をもち $^{4}_{2}He$ の原子核である。β 線は負の電荷をもつ電子である。これらは，放射能を持つ元素の原子核から放出されるものである。したがって，これらの放射線を出すことによって原子核は，電荷や質量数が変化することになり，別の元素へと変化することになる。α 線は $^{4}_{2}He$ であるので，この崩壊（α 崩壊）によって元素は，質量数は 4，また電荷は 2 減少する。例えば $^{238}_{92}U$ は $^{234}_{90}Th$ となる。一方，β 崩壊では質量数は変化せず，正電荷が 1 増加し原子番号が 1 だけ増加する。例えば $^{234}_{90}Th$ は β 崩壊によって $^{234}_{91}Pa$ になる。

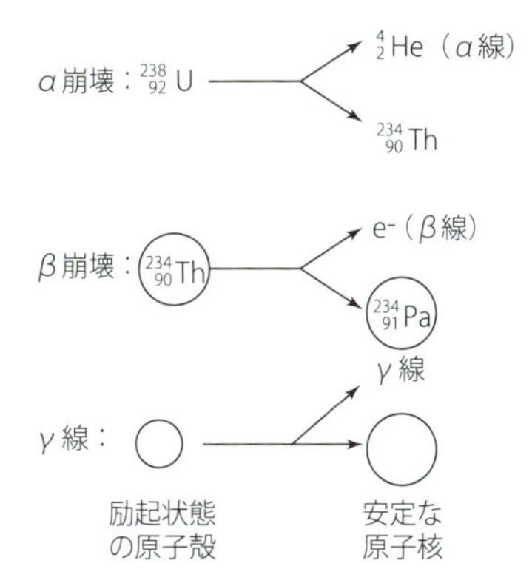

図 2-2　α崩壊，β崩壊，γ崩壊

6)　β線の電子は，原子核の中性子がニュートリノを放出して陽子に変わるときに生成してくる。

天然に存在する代表的な元素は，$^{238}_{92}U$，$^{235}_{92}U$，$^{232}_{90}Th$ である。これらは図 2-3 に示すように，多くの崩壊過程をたどって一番安定な元素になる。天然に存在し，キュリー夫妻によって発見された Ra や Po などは，この崩壊過程中で生成される放射性物質である。

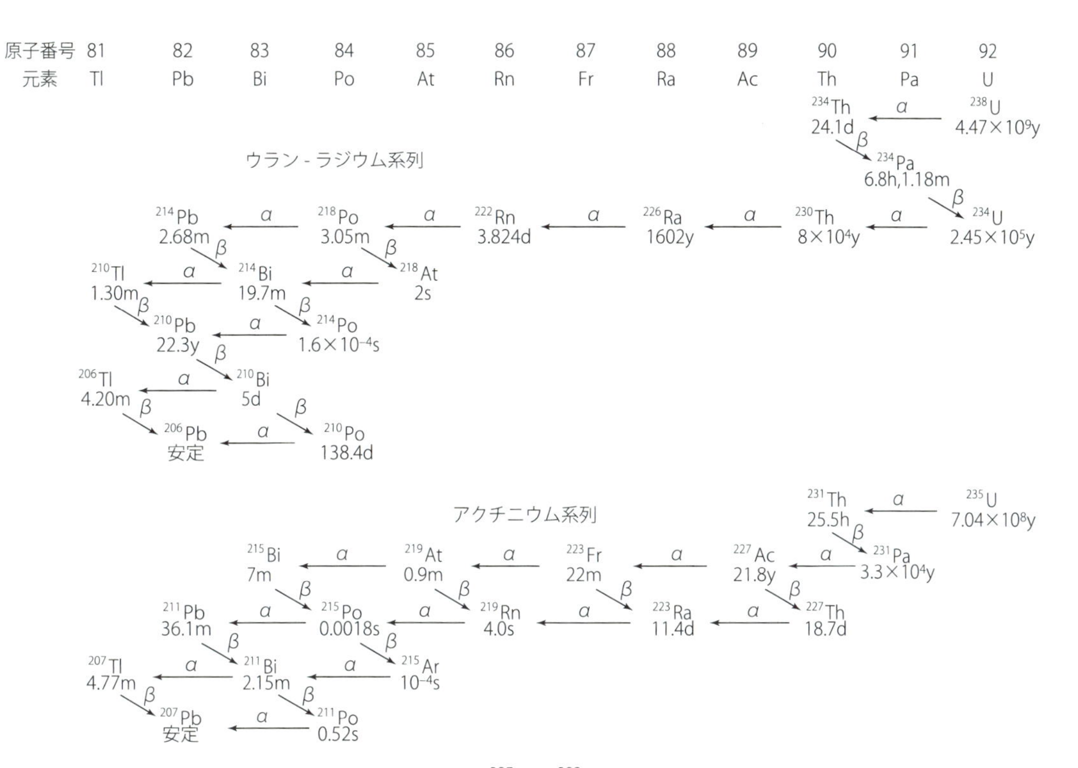

図 2-3　^{235}U，^{238}U の崩壊

2-3 半減期

放射性元素の崩壊は，一般の化学反応と違って，周囲の温度や圧力，磁場電波，化合物の種類には影響されない。この崩壊は，元素によって一定の確率で起こる[7)]。したがって単位時間に崩壊する原子数は，

7)　例えば 1,000 個の原子核があるとき，それが 1 秒間に 2 個崩壊するとすれば λ は 0.002s^{-1} である。しかし，1 個の原子核を取り出したとき，それがいつ崩壊するかは，まったくわからない。

その時に存在する原子の数と，崩壊定数（λ）という確率の積になる。また，崩壊すればその原子の数はそれだけ減少するので，原子の数を $N(t)$ とすれば

$$\frac{\mathrm{d}N(t)}{\mathrm{d}t} = -\lambda N(t) \tag{2-5}$$

という微分方程式が成立する。これを初期条件として $N(0) = N_o$ とおいて積分すると

$$N(t) = N_o \cdot e^{-\lambda t} \tag{2-6}$$

となり，原子の数は指数関数で減少することがわかる。

原子の数が崩壊によって半分になる時間を半減期（$t_{1/2}$）という。上式から

$$\frac{1}{2} N_o = N_o \cdot e^{-\lambda t_{1/2}} \tag{2-7}$$

であるから

$$\ln \frac{1}{2} = -\lambda t_{1/2}$$

$$t_{1/2} = \frac{0.693147}{\lambda} \tag{2-8}$$

で表される。

例えば $^{226}_{88}Ra$ は α 崩壊して $^{226}_{88}Rn$ となるが，この半減期は 1602 年である。つまり $^{226}_{88}Ra$ は 1602 年たつと，その原子の数は半分になり，さらに 1602 年たつと，その半分（初めの 1/4）になっていくことになる。

半減期は，通常はその元素に特有の値である。また，元素に同位体が存在する時はそれぞれの元素の同位体に特有の値である。

8）$\log_e$ を $\log_{10}$ と区別するため通常 ln と書く。

表 2-3　放射性元素の半減期の例

同位体	半減期	β 線（MeV）	γ 線（MeV）
^{3}H	12.33y	0.0186	
^{14}C	5730y	0.156	
^{32}P	14.28d	1.710	
^{42}K	12.36h	3.52（82%）ほか	1.525（19%）
^{45}Ca	165d	0.26	
^{60}Co	5.271y	0.318（99.7%）	1.173（100%）
		1.48（0.12%）	1.3325（100%）
^{90}Sr	28.8y	0.56	
^{131}I	8.04d	0.61（86%）ほか	0.364（81%）ほか
^{141}Ce	32.5d	0.444（70%）ほか	0.145（48%）ほか

（日本化学会編，『化学便覧（改訂 3 版）』，丸善）

2-4 元素の起源

宇宙全体にわたって最も多く存在している物質は，全元素の中で最も簡単な元素である水素であるといわれている。しかし，我々の身のまわりに見えるものは，もっと原子量の大きい炭素，窒素，酸素などである。

元素のもとになるものは，約150億年前に「ビックバン」と呼ばれる大爆発によって現在の宇宙ができた時に同時に生成したと考えられている。ただし，その時は，中性子がほとんどで，いわゆる現在のような元素はほとんど存在していなかった。その後，宇宙が膨張するに従って，中性子が崩壊して水素原子が生成していったと考えられている。

このようなわけで，宇宙全体をみると水素が最も多い元素である。その後，この水素原子は不均一な重力によって集まり，星が誕生した。その星の中で，重力によって圧縮され，高温となり，数百万度に達すると核融合が起こり，いろいろな元素が生まれたと考えられている。

太陽のような恒星では，その重力で宇宙に広がっている水素が集められ，その中心では，重力によって高密度，高温となり水素原子4個からヘリウム原子が生成する。

$$2\,{}^{1}_{1}\mathrm{H} \longrightarrow {}^{2}_{1}\mathrm{H}\,(\text{重水素}) + \mathrm{e}^{+}\,(\text{陽電子}) + (\text{ニュートリノ})$$
$${}^{2}_{1}\mathrm{H} + {}^{1}_{1}\mathrm{H} \longrightarrow {}^{3}_{2}\mathrm{He} + \gamma\,(\text{ガンマ線})$$
$${}^{3}_{2}\mathrm{He} + {}^{3}_{2}\mathrm{He} \longrightarrow {}^{4}_{2}\mathrm{He} + 2\,{}^{1}_{1}\mathrm{H} \qquad (2\text{-}9)$$

この時，結果的には4個の水素（${}^{1}_{1}\mathrm{H}$）からヘリウム（${}^{4}_{2}\mathrm{He}$）と陽電子2個が生じることになる。

ここで原子核の質量に注目してみると，${}^{1}_{1}\mathrm{H}$，e^{+}（電子と同じ質量），および${}^{4}_{2}\mathrm{He}$の1モル当たりの質量は

$${}^{1}_{1}\mathrm{H} = 1.00783 - 0.000548 = 1.00728$$
$$\mathrm{e}^{+} = 0.000548$$
$${}^{4}_{2}\mathrm{He} = 4.0026 - 2 \times 0.000548 = 4.00150$$

であるので核反応が起こる前と後では

$$\Delta M = 4 \times 1.00728 - 2 \times 0.000548 - 4.0015$$
$$= 0.0265\ \mathrm{g\ mol^{-1}} \qquad (2\text{-}10)$$

だけ質量が減ったことになる。多くの核反応では，このように反応前後において質量の違いがみられる。この減少した質量はどうなったかというと，アインシュタイン[9]の相対性理論からすると，ΔMc^2に相当するエネルギーとして外界に放出される。すなわち上記の例では1 molあたり

$$E = \Delta Mc^2 = 0.0265 \times 10^{-3}(\mathrm{kg}) \times (2.998 \times 10^{8}\ (\mathrm{m\ s^{-1}}))^2$$
$$= 2.38 \times 10^{12}\ \mathrm{J\ mol^{-1}} \qquad (2\text{-}11)$$

となり，莫大な量のエネルギーが放出されることになる。太陽などの

9) A. Einstein（ドイツ生まれのアメリカの物理学者，1879～1955年）チューリヒ工科大学で学び，スイス連邦工科大学等で研究の後，ナチスからの迫害を恐れてアメリカに亡命する。光量子仮説による光電効果の理論的解明により1921年ノーベル物理学賞を受賞。

恒星が放出する光や熱エネルギーの源は上記の核融合反応によって生じる質量減少によるエネルギーである。

さらに高温（1億K程度）となる恒星の内部では

$$^{4}_{2}\mathrm{He} + ^{4}_{2}\mathrm{He} \longrightarrow ^{8}_{4}\mathrm{Be}$$
$$^{4}_{2}\mathrm{He} + ^{8}_{4}\mathrm{Be} \longrightarrow ^{12}_{6}\mathrm{C} + \gamma \text{線}$$
$$^{4}_{2}\mathrm{He} + ^{12}_{6}\mathrm{C} \longrightarrow ^{16}_{8}\mathrm{O} + \gamma \text{線} \qquad (2\text{-}12)$$

のような反応で $^{12}_{6}\mathrm{C}$ と $^{16}_{8}\mathrm{O}$ が生成する。我々地球上の生物が必要とする元素のうち重要なC，Oはこうしてできたと考えられている。さらに代表的には次のような反応を繰り返してさらに重い元素が生成する。しかし，この反応経路の最後は $^{56}_{26}\mathrm{Fe}$ であって，最終的には $^{56}\mathrm{Fe}$ の塊（地球の内部にあるコアなど）が生成して終わりとなる。

$$^{1}_{1}\mathrm{H} \rightarrow ^{4}_{2}\mathrm{He} \rightarrow ^{12}_{6}\mathrm{C} \rightarrow ^{16}_{8}\mathrm{O} \rightarrow ^{24}_{12}\mathrm{Mg} \rightarrow ^{56}_{26}\mathrm{Fe} \qquad (2\text{-}13)$$

これは $^{1}_{1}\mathrm{H}$ から各元素が生成していったとき質量欠損[10]が最大となる原子核が $^{56}_{26}\mathrm{Fe}$ であり，$^{56}_{26}\mathrm{Fe}$ が最も安定な元素である。これより質量数が増えると，逆に質量欠損が減少する。したがって，恒星の内部で前式の経路が起こっている限り $^{56}_{26}\mathrm{Fe}$ が生成して終わりとなる。これより重い元素を生成するには逆にエネルギーが必要となる。

10）原子核を構成する核子（中性子と陽子）の重さの合計と，実際の核の重さの差を「質量欠損」という。特殊相対性理論から，質量とエネルギーは等価なものとして考えられるので，この質量の欠損分は原子核の結合エネルギーに相当する。すなわち質量欠損の大きな原子核ほど安定である。

さて，$^{56}_{26}\mathrm{Fe}$ より重い元素の生成は次のように考えられている。恒星がその寿命を終えるとき，それ自身の重力に内部からの圧力が耐えきれずに星の物質がまわりから中心に集中し，核反応が爆発的に起こる。これが超新星である。この爆発のときに，多量の中性子とそれまでできていた $^{56}_{26}\mathrm{Fe}$ までの軽い原子核が反応してさらに重い元素が生成したと考えられる。この爆発によって，多くの元素を含む大量の物質が宇宙にまき散らされる。現在，地球上に存在するほとんどの元素は，このような超新星の爆発によって作られたものであり，それらが太陽の重力によって集められたものであると考えられている。

2-5 原 子 力

先に述べたように核として一番安定な元素は鉄に代表される原子量50～60程度の元素である。したがって，それより軽い元素は，核同士が融合することによってエネルギーを放出する。これを利用しようとする試みが核融合である。また，重い元素は，逆に核分裂を起こして軽い元素を生成することによってエネルギーを放出する。これは，現97在ウランなどを燃料とした原子力発電等に利用されている。

ウランなどの重い元素に中性子（$^{1}_{0}\mathrm{n}$）をあてると，中性子はその電荷が0であるため原子核の正の電荷の反発を受けることなく衝突する。この場合，元素によっては，核が2つ以上に分裂するものがある。例えば $^{235}_{92}\mathrm{U}$ のときは，代表的には

$$\longrightarrow {}^{144}_{54}\mathrm{Xe} + {}^{90}_{38}\mathrm{Sr} + 2{}^{1}_{0}\mathrm{n}$$
$${}^{235}_{92}\mathrm{U} + {}^{1}_{0}\mathrm{n} \longrightarrow {}^{143}_{56}\mathrm{Ba} + {}^{90}_{36}\mathrm{Kr} + 3{}^{1}_{0}\mathrm{n}$$
$$\longrightarrow {}^{135}_{53}\mathrm{I} + {}^{97}_{39}\mathrm{Y} + 4{}^{1}_{0}\mathrm{n} \qquad (2\text{-}14)$$

などの反応が起こる。この場合の質量の減少は，0.22 g $\mathrm{mol^{-1}}$ 程度となり，$E = mc^2$ から計算すると 2×10^{13} J $\mathrm{mol^{-1}}$ となり莫大なエネルギーが放出される。このとき1個の中性子によって，さらに2～4個の中性子が放出される。この中性子は別の $^{235}\mathrm{U}$ に衝突して，反応が継続・拡大していく。これを無制限に行うと，最後には爆発的に拡大し，いわゆる原子爆弾となる。一方，発生した中性子はウラン中に多く含まれている ${}^{238}_{92}\mathrm{U}$ によってかなり吸収されるが，この原子核は分裂を起こさず ${}^{239}_{94}\mathrm{Pu}$ となる。また，ホウ素などによっても中性子を吸収することができる。このようにして中性子を適度に取り除いて，一定の速度でこの核分裂が起こるように制御[11]しているのが原子炉であり，原子力発電に現在広く利用されている。

11） 2011年3月東日本大震災で発生した地震と津波により，原子炉を冷却するための電源システムを失った福島第一原子力発電所では核分裂反応の制御ができなくなり，原子炉が爆発し多量の放射性物質が周辺地域の環境を汚染した。

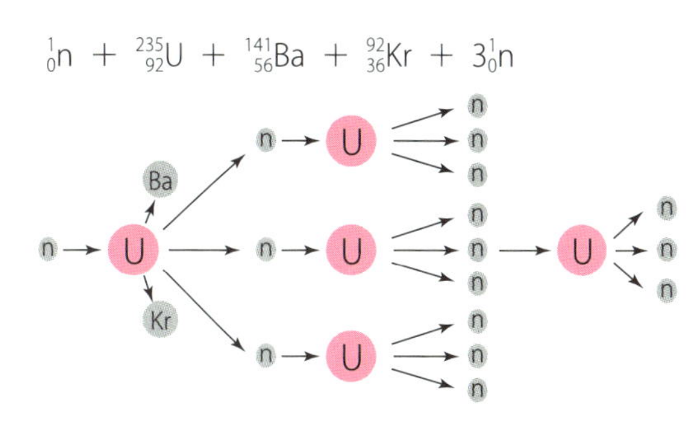

図2-4　核分裂の連鎖反応

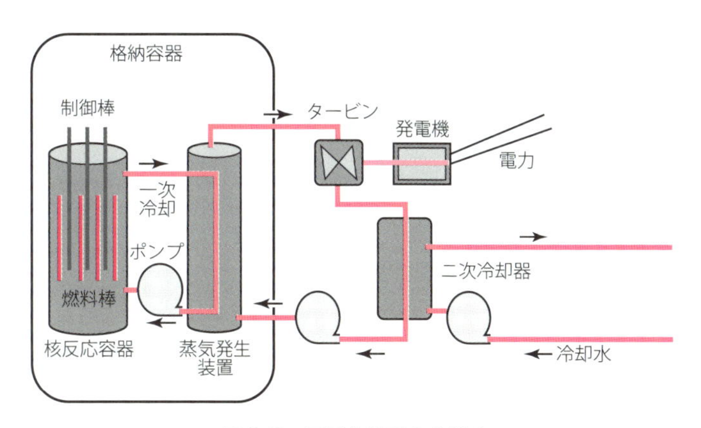

図2-5　原子力発電の仕組み

さて ${}^{238}_{92}\mathrm{U}$ は中性子を吸収して，核分裂は起こさずに ${}^{239}_{94}\mathrm{Pu}$ になるが，この ${}^{239}_{94}\mathrm{Pu}$ は分裂すれば核燃料として再利用することができる。しかし，猛毒であるのでその処理（「再処理」といっている）や取り扱いは困難である。

一方重水素（$^{2}_{1}H$）は，数百万度の条件下において，次のように核が融合してヘリウム（$^{4}_{2}He$）を生ずる。

$$^{2}_{1}H + ^{2}_{1}H \longrightarrow ^{3}_{1}H + ^{1}_{1}H$$
$$^{3}_{1}H + ^{2}_{1}H \longrightarrow ^{4}_{2}He + ^{0}_{1}n$$
$$^{2}_{1}H + ^{2}_{1}H \longrightarrow ^{4}_{2}He + \gamma \text{線} \qquad (2\text{-}15)$$

この時も質量の減少は 2 モルの $^{2}_{1}H$ 原子から $^{4}_{2}He$ が生じたとすると

$$\Delta M = 2 \times 2.0136 - 4.0015 = 0.0257\ \mathrm{g\ mol^{-1}}$$

となり $2.3 \times 10^{12}\ \mathrm{J\ mol^{-11}}$ のエネルギーが放出される。

この核融合は，数百万度の温度に重水素を閉じこめる必要があり，その方法がきわめて困難なところから，まだ実用化には至っておらず研究開発が急がれている。

2-6 年代測定

人類が作った物を調べることは考古学的に興味あるところである。

ある物，例えば建物などが「いつできたか」などを調べるとき，人類が文字を持ち始めた以降であればそれを記した書物や碑などがあれば簡単にわかる。しかし，さらに時代をさかのぼって，数百万年，数十億年といった時代の岩石や化石などになると，全く別の方法で調べなければならない。

地球が誕生して以来，地上では核分裂や，核融合などによる新たな元素の生成はほとんど起こっていないと考えられている。したがって地球が生まれた時に地上に存在していた放射性同位元素で，比較的寿命の長い元素は，現在でもその一部は存在するとともに，もし自然現象（風化や水に溶解する）などで変化していなければ，その元素が壊変して生成した元素が残っている。例えば，$^{238}_{92}U$ はその量が半分になる時間（半減期）が 44.7 億年であり，壊変して最終的に安定な $^{206}_{92}Pb$ になる。岩石が誕生したときに $^{206}_{82}Pb$ が含まれておらず，$^{238}_{92}U$ が微量存在していたとすると，$^{238}_{92}U/^{206}_{82}Pb$ の比を測定すれば，その岩石が誕生した年代が測定できることになる。

また，$^{40}_{19}K$ も天然のカリウムを含む岩石中に微量存在する。$^{40}_{19}K$ は半減期 12.5 億年で $^{40}_{18}Ar$ と $^{40}_{20}Ca$ に壊変するが，溶岩が地上で冷えて岩石ができる時には気体である $^{40}_{18}Ar$ は岩石中には存在しない。しかし岩石の中では，壊変によって生じた $^{40}_{18}Ar$ のガスは逃げ場がなく岩石中に閉じこめられているはずである。したがって，$^{40}_{18}Ar/^{40}_{19}K$ の量を測ることによっても岩石の生成した年代の測定ができることになる。

一方，$^{14}_{6}C$ は半減期 5730 年でありウランなどとくらべて短いが，年代の測定に利用が可能である。地上に宇宙からたえず降りそそぐ宇宙線の中には中性子が多く含まれている。この中性子は，大気中の窒素と作用して常に $^{14}_{6}C$ を作り出している。

$$^{14}_{7}N + ^{1}_{0}n \longrightarrow ^{14}_{6}C + ^{1}_{1}H \qquad (2\text{-}16)$$

この $^{14}_{6}C$ は半減期が 5730 年と短いため，ある濃度以上は増加せず，大気中に $^{14}CO_2$ として，ある一定濃度で存在することになる。植物が生きている間は光合成によってこの $^{14}CO_2$ を体内に取り込むため，生体内に存在する炭素中の $^{14}_{6}C/^{12}_{6}C$ の比は大気中のそれと同じである。また，それを餌として食べている動物についても同じことが言える。しかし，この動物や植物が死んでしまうとこの $^{14}_{6}C$ の供給が途絶える。そうすると，それまで存在していた $^{14}_{6}C$ が 5730 年の半減期で減少していく。この $^{14}_{6}C$ の量を放射線測定などの方法で測定することによって，その生物が生きていた年代や木材などの年代が測定できる。

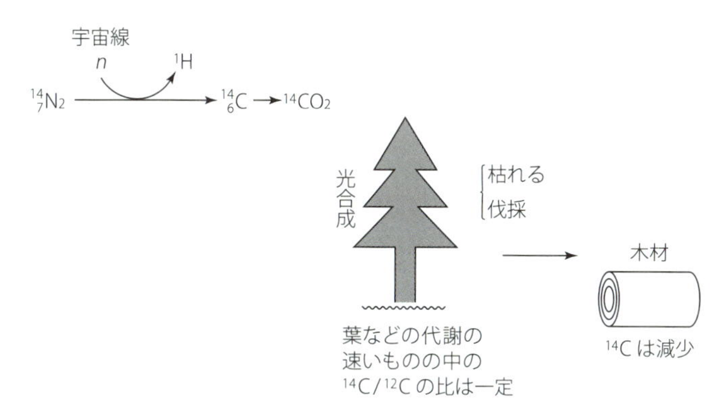

図 2-6　炭素同位体を用いる年代測定の仕組み

章末問題

1） 次の事項を説明せよ。

（a）標識化合物，（b）α 崩壊と β 崩壊，（c）α 線，β 線，γ 線の特徴と性質，（d）ベクレルとシーベルト

2） 1 mol の ^{238}U が α 崩壊して ^{234}Th になった時，放出されるエネルギーは何 J か。^{238}U の原子核の質量 238.05078 g mol^{-1}，^{234}Th の原子核の質量 234.04359 g mol^{-1} として計算せよ。

3） 崩壊定数（λ）の逆数はその原子の平均寿命を示す。^{226}Ra の寿命は何年か。

4） ^{137}Cs の寿命は 30 年である。現在 ^{137}Cs によって 10000 Bq/kg の放射能を示す土壌が，100 分の 1 の 100 Bq/kg になるまで何年を要するか。

5） $^{14}C/^{12}C$ の比は大気中で 1×10^{-12} であったとする。ある材木中に含まれる炭素を調べたところ，$^{14}C/^{12}C$ は 2×10^{-14} であった。この材木が切り倒されてからおおよそ何年が経過しているか。

第3章　原子の構造と周期律

原子は中心にある質量の大きい原子核と，そのまわりを運動する電子からなっている。元素の化学的な性質は，主に電子が決めている。それでは，原子の中で電子はどのように運動しているのであろうか？　この章では，光とは何か？から始めて，古典論に基づいてボーアが原子構造モデルを提案した経緯と，粒子の波動性に基づく量子論のその後の急速な発展を学ぶ。さらに量子論がえがく原子の姿を理解し，元素の周期律を電子配置に基づいて説明する。

3-1　原子の出す光

炎色反応で見られるように，物質に熱などのエネルギーを与えると元素に固有な色の光を放つ。光を発する源は電子であり，電子がエネルギーの高い状態から低い状態に変化する時に原子は光を放つ。また原子は光を吸収し，このときエネルギーの低い状態にある電子は高い状態へと変化する。

3-1-1　光の性質（光の二面性）

原子が放つ光と原子に吸収される光に関する実験から，原子の構造が明らかにされてきた。そのため，原子の構造を理解するためには光の性質を学ぶ必要がある。

（1）　光の波動性

光が波であるか（波動説）それとも粒子であるか（粒子説）の論争が長年，くりひろげられてきた。ニュートンは，屈折現象や光の直進性から光の粒子説を唱えた。当時，ニュートンがあまりに偉大であったため，粒子説が支持されていた。しかしその後，ヤングの干渉実験を始めとする実験事実が積み重ねられ光の波動説が優勢となり，マクスウェルによって「光は空間を媒質とし，電場と磁場が直交してそれらの強さが周期的に変化することで伝播する波」であることが決定的に示された。波が示す性質に干渉と回折がある。干渉とは2つの波が重なったとき，その振幅が2つの波の振幅の和になる現象である。また回折とは，波の進行方向に障害物が存在するとき，波がその障害物の背後など一見すると幾何学的には到達できない領域に回り込んで伝わる現象である。逆に，このような性質を示すものを波（波動）と呼ぶ。光の波としての性質は，波長（波の1周期の長さ，λ）と電場および磁場の強さによって表される。真空中を進む光の速度 c は波長によらず同じ（約 3.0 × 10^8 m s^{-1}）なので，式（3-1）によって波長と振動数（1 秒間に振動する回数，ν）は変換できる。

$$\nu = \frac{c}{\lambda} \tag{3-1}$$

人の目で識別できる光は，波長 400 nm（1 nm は 10^{-9} m）から 700 nm 程度であり可視光と呼ばれる（表 3-1）。ガンマ線，X 線，紫外線，赤外線，マイクロ波，電波はいずれも可視光と同じ電磁波であり，波長範囲が異なるだけである。

表 3-1　電磁波の波長，振動数とエネルギー

	波 長 λ		振動数	エネルギー		
	m	よく使われる単位	s^{-1}	eV	MeV	kJ mol^{-1}
ガンマ線	10^{-14}		3×10^{22}		124	10^{10}
ガンマ線	10^{-13}				12.4	
X線	10^{-12}	0.001 nm = 0.01 Å			1.24	10^{8}
X線	10^{-11}	0.01 nm = 0.1 Å	3×10^{19}		0.124	
X線	10^{-10}	0.1 nm = 1 Å		10^{4}		10^{6}
X線	10^{-9}	1 nm		1240		
紫外線	10^{-8}	10 nm	3×10^{16}	124		10^{4}
紫外線	10^{-7}	100 nm		12.4		1200
可視光						
赤外線	10^{-6}	1 μm = 1000 nm		1.24		120
赤外線	10^{-5}	10 μm	3×10^{13}	0.124		12.0
マイクロ波	10^{-4}	100 μm		10^{-2}		1.20
マイクロ波	10^{-3}	1 mm = 1000 μm				0.12
マイクロ波	10^{-2}	1 cm = 10 mm	3×10^{10}	10^{-4}		10^{-2}
マイクロ波	10^{-1}	10 cm				
超短波	10^{0}	1 m = 100 cm		10^{-6}		10^{-4}
短波	10^{1}	10 m	3×10^{7}			
中波	10^{2}	100 m		10^{-8}		10^{-6}
長波	10^{3}	1 km = 1000 m				
長波	10^{4}	10 km = 10000 m	3×10^{4}	10^{-10}		10^{-8}

可視光	
400 nm	紫
420 nm	藍
450 nm	青
480 nm	青緑
510 nm	緑
570 nm	黄
590 nm	橙
640 nm	赤
700 nm	

（2）光の粒子性

光は干渉，回折を起こすので波動である。しかし，波動性では説明できない光に関する現象がいくつか見つかっている。その 1 つが光電効果である。光電効果とは，限界振動数（ν_0）以上の振動数の光を金属に照射すると，その表面から電子が飛び出してくる現象のことである。飛び出してきた電子は，光電子（photoelectron）と呼ばれる。

図3-1には，照射した光の振動数νと1つの光電子がもっているエネルギー（E）の関係を示した。ν_0よりも大きな振動数の領域では，Eは光の振動数（ν）に比例して大きくなり，Eとνには，aを比例定数とした次の関係がある（式(3-2)）。

$$E = a\nu - W \qquad (3\text{-}2)$$

Wは仕事関数（work function）と呼ばれる。金属の種類によって限界振動数は異なる，すなわちWの値は変わるが，比例定数は金属の種類によらず同じ値aである（図3-1）。ν_0以上の光を振動数は一定で強度のみ強くすると，光の強度に比例して発生する光電子の数が多くなる。しかし，1つの光電子がもっているエネルギーは振動数が一定であれば変わらない。一方，ν_0以下では光をいくら強くしても，光電子は発生しない。

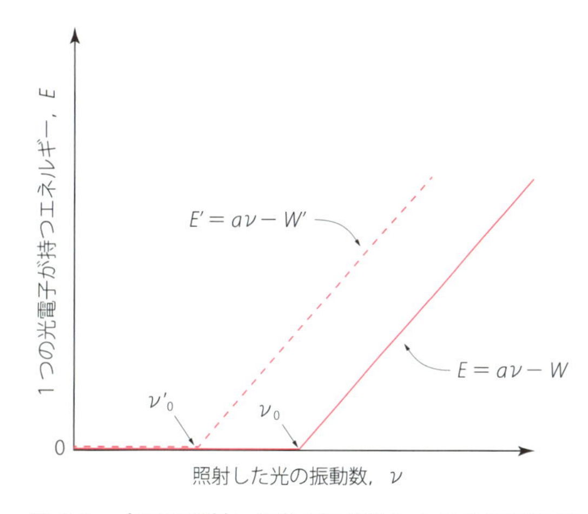

図3-1　金属に照射した光の振動数と1つの光電子が持つエネルギーの関係

光電効果は，照射された光のエネルギーの一部が光電子の運動エネルギーに変換されることにより起こる。しかし，光が波動性のみを持つと考える古典論では，光電効果をうまく説明することはできない。古典論において波のエネルギーは強度の二乗に比例して大きくなるので，強度の強い光ほど大きなエネルギーをもつ。そのため，振動数の小さい光であってもその強度を強くすれば，光電子は発生するはずである。しかし実際には光をいくら強くしても，ν_0以下では光電子は発生しない。逆に，非常に弱い光であってもν_0以上であれば光電子は発生し，そのエネルギーは光の振動数に比例して大きくなる。ただし，このときに発生する光電子の数は非常に少ない。このように古典論では説明のつかない光電効果の解釈には，光に対する新たな概念が必要であった。

1901年マックス プランクは，黒体[1]から熱放射される電磁波のエ

1）温度Tにおいてすべての異なった波長の光を吸収するのと同時に，すべての電磁波を放出する物体。

ネルギー分布を説明するために，黒体の壁を構成する各調和振動子のエネルギー（E）は連続的に変化するのではなく，その最小値（$h\nu$）の整数倍の値しかとれないとする考え（量子仮説）を提案した。

$$E = nh\nu \qquad (n = 1, 2, 3, \cdots) \tag{3-3}$$

ここで，比例定数 h はプランク定数と呼ばれ，$h = 6.62607015 \times 10^{-34}$ J s である。物質には，原子という基本単位が決まっている。電気にも，電子 1 つの電荷に相当する電気素量という基本単位ある。プランクがエネルギーにも基本単位が存在することを示したことは，極めて画期的であった。

1905 年 アインシュタインはプランクの量子仮説をさらに進め，光は振動数（ν）に比例するエネルギーを持つ粒子の集まりであるとする考えを唱えた[2]。

2） p.15 欄外を参照。

$$E = h\nu = h\frac{c}{\lambda} \tag{3-4}$$

光の粒子のことを，光量子（light quantum）または光子（photon）と呼ぶ。この考えによれば，光の強度が強いとは光子の数が多いことを意味しており，1 つ 1 つの光子が持つエネルギーとは無関係である。光をこのように考えると，光電効果をうまく説明できる。金属に光を照射する，すなわち $h\nu$ のエネルギーを持つ粒子（光子）を金属に向けて打ち込むと，光子は金属の電子に衝突し，それは電子に完全に吸収され電子は $h\nu$ のエネルギーを獲得する。電子は金属を構成している原子に束縛されており，その大きさが仕事関数 W である。電子が受け取ったエネルギー（$h\nu$）が W よりも大きければ，エネルギー保存則より $h\nu$ から W を差し引いたエネルギー（E）を持つ 1 個の光電子が発生する。

$$E = h\nu - W \tag{3-5}$$

この式は，光電効果の実験で得られた関係式（式 (3-2)）の比例定数を h としたものと全く同じ形をしている。限界振動数（ν_0）よりも振動数が低い場合は 1 つの光子が持つエネルギーが小さいので，光子の数をいくら増やしても，W で束縛された電子を金属からたたき出すことはできない。

物質に X 線（波長 λ）を当てると，光電効果と同様に物質から電子（反跳電子）が飛び出してくる。このとき，照射した X 線よりも波長の長い X 線（波長 λ'，二次 X 線）が散乱される（コンプトン散乱）。λ と λ' の間には，式（3-6）の関係が成立する[3]。

3）

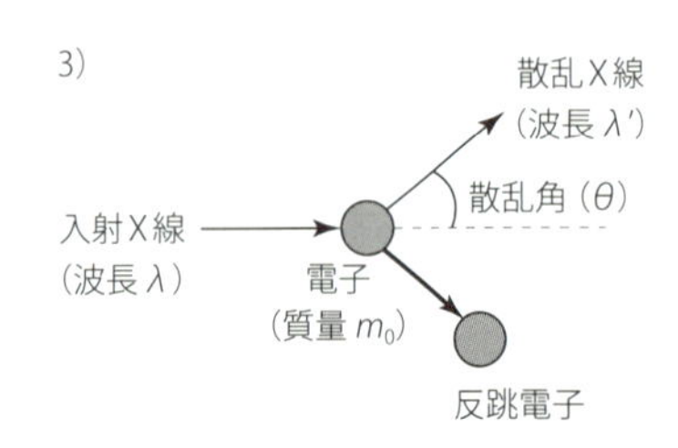

$$\lambda' - \lambda = \frac{h}{m_0 c}(1 - \cos\theta) \tag{3-6}$$

ここで，m_0 は電子の質量，θ は X 線の散乱角である。この式は，照射した X 線が「粒子」として電子に衝突して散乱されることを明確に示している。

光は回折や干渉といった波としての性質を持ちながら，光電効果で実証されたように粒子としての性質も示す。すなわち，光は波動性と粒子性の両方の性質を合わせ持つものである。不可思議に感じるかもしれないが，身近な世界にも二面性を持つものは多数く存在する。例えば，円筒形の物体は真上から見ると円に見え，横から見ると長方形に見える。しかし，物体そのものはまぎれもなく円筒形をしている[4]。光も，ある方向から眺めると波のように振る舞うが，別の角度から見ると粒子として観測される二面性を持つ存在だと考える[5]と納得できるはずである。

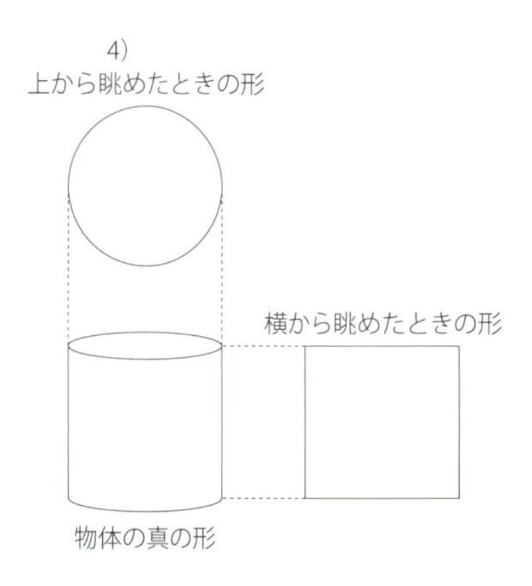

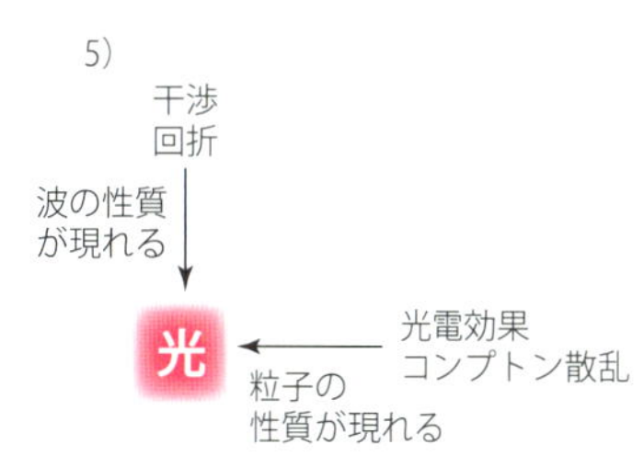

3-1-2　水素原子の輝線スペクトル

十分に精製した気体の水素を 1 Torr（＝ 1.33322×10^2 Pa）程度の圧力で放電管に封入し高電圧をかけて放電すると，淡赤色の光を発する。この光を分光器を使って光の波長に従って分ける（分光する）と，ある特定の波長の光のみが観察される（図 3-2）。このような一連の光の束は，輝線スペクトル（line spectrum）と呼ばれる。また，原子から発生する光の束ということで，原子スペクトル（atomic spectrum）とも言う。可視領域では，波長 656.47，486.27，434.17，410.129 nm に 4 本の輝線スペクトルが観察される。この可視領域の輝線スペクトルは，バルマー系列と呼ばれる。

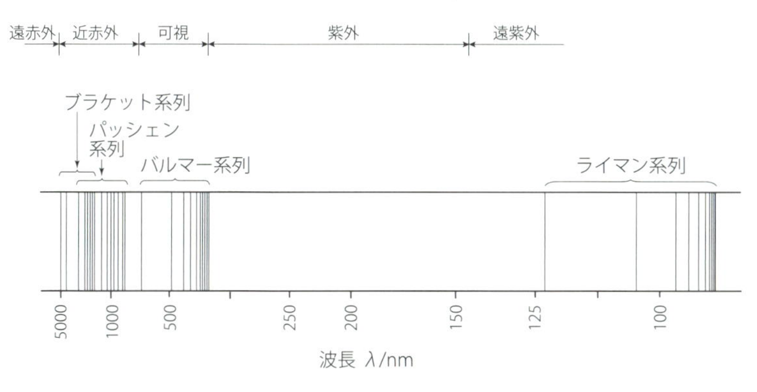

図 3-2　水素の原子スペクトル

1885 年スイスの数学者バルマーは，輝線スペクトルの波長が，次のような簡単な整数の比で表せることに気がついた。

$$656.28 : 486.13 : 434.05 : 410.07$$
$$= \frac{3^2}{3^2 - 2^2} : \frac{4^2}{4^2 - 2^2} : \frac{5^2}{5^2 - 2^2} : \frac{6^2}{6^2 - 2^2} \qquad (3\text{-}7)$$

式（3-7）の右辺は，分子が n^2，分母が $n^2 - 2^2$（$n = 3, 4, 5, 6$）になっ

ているので，おのおのの光の波長 λ_n（単位は nm, $n = 3, 4, 5, 6$）は

$$\lambda_n = 364.56 \frac{n^2}{n^2 - 2^2} \tag{3-8}$$

と表すことができる。式（3-8）はバルマーの式と呼ばれる。その後，紫外領域や赤外領域でも可視領域と同じような輝線スペクトルが観察された。

$$\text{紫外領域}\quad \lambda_n = 91.14 \frac{n^2}{n^2 - 1^2} \quad (n = 2, 3, 4, 5, \cdots)\ \text{ライマン系列} \tag{3-9}$$

$$\text{赤外領域}\quad \lambda_n = 820.26 \frac{n^2}{n^2 - 3^2} \quad (n = 4, 5, 6, 7, \cdots)\ \text{パッシェン系列} \tag{3-10}$$

$$\text{赤外領域}\quad \lambda_n = 1458.2 \frac{n^2}{n^2 - 4^2} \quad (n = 5, 6, 7, 8, \cdots)\ \text{ブラケット系列} \tag{3-11}$$

1890 年リュードベリーは，波長の逆数である波数（λ^{-1}，単位は m^{-1}）を使って式（3-8）〜（3-11）を 1 つの式でうまくまとめあげた。

$$\tilde{\nu} \equiv \frac{1}{\lambda_n} = R_H \left(\frac{1}{n_1^2} - \frac{1}{n_2^2} \right) \quad (n_1, n_2\ \text{は整数},\ n_1 < n_2) \tag{3-12}$$

式（3-12）はリュードベリーの式，定数 $R_H = 1.0973732 \times 10^7\ m^{-1}$ はリュードベリー定数と呼ばれる。$n_1 = 1, n_2 = 2, 3, 4, 5, \cdots$ はライマン系列，$n_1 = 2, n_2 = 3, 4, 5, 6, \cdots$ はバルマー系列，$n_1 = 3, n_2 = 4, 5, 6, 7 \cdots$ はパッシェン系列，$n_1 = 4, n_2 = 5, 6, 7, 8 \cdots$ はブラケット系列である。水素原子から発せられる一連の光の波長がこのような単純な式で表されることは，まさに驚くべきことである。式（3-12）において，$R_H / n^2 = A_n$（$n = n_1$ もしくは n_2）とすると，任意の輝線の波数は，2 つの項の差となる。このことは，水素原子の構造を明らかにする上で極めて重要な意を持つ。

ある変化に対してエネルギーは保存されるので，水素原子から光が発生したということは，水素原子はエネルギーの高い状態から低い状態に変化したことを意味する。ここで注目すべきは，発生した光は連続した波長を持つのではなく，ある特定の波長しか持たないことである。光は振動数に比例した大きさのエネルギーを持つ粒子であることと合わせて考えると，水素原子はある特定のエネルギー状態しかとれないと結論される。すなわち，水素原子中の電子のエネルギーは量子化されている（図 3-3）。水素原子がどのような構造をしていると考えれば，このことをうまく説明できるのであろうか？

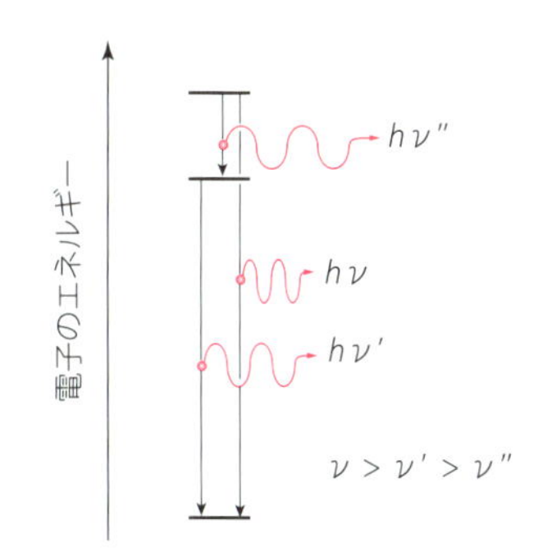

図 3-3　量子化された水素原子中の
電子のエネルギー状態

3-2　水素原子のボーア模型

1913 年，当時ラザフォードの研究室で働いていたニールス ボーアが古典論に基づいて，水素の原子スペクトルを初めて合理的に説明する水素原子の模型を提案した。ただし，ボーアの理論は原子の構造に関する現代的理論（量子力学（quantum mechanics））にいたる踏み台であって，現在では多くの点で誤っていると認識されている。しかし，ボーアの理論は現代的理論を理解する上で重要な概念がいくつか含まれており，その理論を理解することは非常に有益であるため，ここであえて説明することにした。

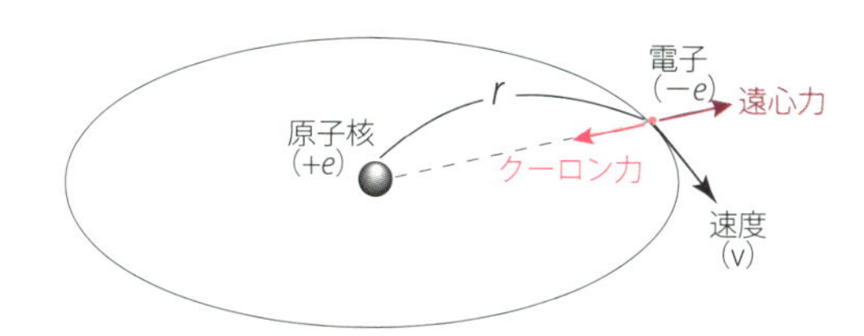

図 3-4　ボーアの水素原子模型

図 3-4 に，ボーアの水素原子模型を示す。電荷 $-e$（e は電気素量（素電荷））で質量 m_0 の電子が，電荷＋e の原子核（陽子）を中心とする半径 r の円軌道上を速度 v[6] で回っている。正電荷を持つ物体と負電荷を持つ物体はクーロン力によって強く引き合う。また円運動する物体には，外側に向けて遠心力が働く。電子の円運動が定常的に続くためには，遠心力とクーロン力は釣り合わなければならない。クーロン力は $e^2/4\pi\varepsilon_0 r^2$，遠心力は $m_0 v^2/r$ なので，2 つの力の釣り合い条件は式（3-13）で表される。なお，ε_0 は真空の誘電率（$\varepsilon_0 = 8.854 \times 10^{-12}$ F m^{-1}）である。

$$\frac{e^2}{4\pi\varepsilon_0 r^2} = \frac{m_0 v^2}{r} \qquad (3\text{-}13)$$

電子の全エネルギー（E）は運動エネルギーと位置エネルギー（V）

6）一般に速度は v で表されるが，振動数 ν との混同を避けるため本章では速度を v で表している。

の和である。運動エネルギーは 1/2 $m_0 v^2$ であり，位置エネルギーはクーロン力が働く場でのクーロンエネルギー $V = -e^2/4\pi\varepsilon_0 r$ なので，電子の全エネルギーは式（3-14）で表される。

$$E = \frac{1}{2} m_0 v^2 - \frac{e^2}{4\pi\varepsilon_0 r} \tag{3-14}$$

式（3-14）には v と r の 2 つの変数が含まれるが，釣り合いの条件（式（3-13））を式（3-14）に代入して整理すると，r のみを変数とする式（3-15）が得られる。

$$E = -\frac{e^2}{8\pi\varepsilon_0 r} \tag{3-15}$$

この式が与える電子の全エネルギーは，電子が運動する円軌道の半径 r によって連続的に変化する。しかし，現実の水素原子中の電子のエネルギーは量子化されているので，この原子模型はこのままでは不完全である。この矛盾を回避するためにボーアは，原子核のまわりを運動する電子は，その角運動量（L）が $h/2\pi$ の整数倍となる円軌道上しか運動できないとする量子条件（量子仮説）を原子模型に取り入れた（式(3-16)）。

$$L = m_0 r v = n\frac{h}{2\pi} \tag{3-16}$$

ここで n は量子数であり $n = 1, 2, 3 \cdots$ という正の整数である。式（3-16）を式（3-17）のように変形し，式（3-13）に代入すると式（3-18）が得られる。

$$v = n\frac{h}{2\pi m_0 r} \tag{3-17}$$

$$r_n = \frac{\varepsilon_0 h^2}{\pi m_0 e^2} \cdot n^2 = a_0 \cdot n^2 \tag{3-18}$$

r_n は量子条件によって電子が運動することを許された円軌道の半径であり，量子数に従って段階的に大きくなる（図 3-5）。

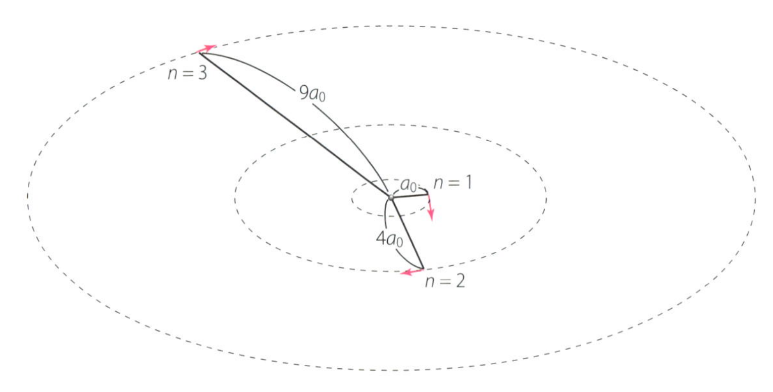

図 3-5　ボーアの水素原子模型において電子が運動する事を許された軌道

a_0 は $n=1$ の最小軌道半径でボーア半径と呼ばれ，実際に計算すると $a_0 = 0.0529$ nm である[7)]。$n=2$ の軌道半径は a_0 の 4 倍，$n=3$ の軌道半径は a_0 の 9 倍である。$n=\infty$ のときは $r=\infty$ となり，このような状態の電子は原子核に束縛されていない自由電子である。

7) $\varepsilon_0 = 8.854 \times 10^{-12}$ F m^{-1}
$h = 6.626 \times 10^{-34}$ J s
$m_0 = 9.109 \times 10^{-31}$ kg
$e = 1.602 \times 10^{-19}$ C

式（3-18）を式（3-15）に代入すると，量子化されたエネルギーを表す式（3-19）が得られる。

$$E_n = -\frac{m_0 e^4}{8\varepsilon_0^2 h^2} \cdot \frac{1}{n^2} \qquad (3\text{-}19)$$

この式で得られる軌道のエネルギーを，図 3-6 に示した。

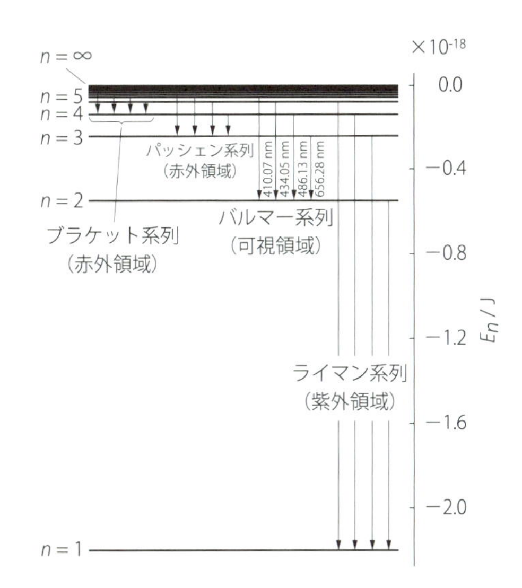

図 3-6　ボーアの水素原子模型から計算される電子のエネルギー準位とスペクトル系列

電子がボーア半径の軌道上を運動する $n=1$ のエネルギーが最小であり，この状態は基底状態（ground state）と呼ばれる。また $n=2$ 以上の状態は励起状態と呼ばれる。$n=\infty$ すなわち自由電子のエネルギーはゼロである。式（3-19）は，電子が原子核に束縛されるとエネルギーが低下し，安定化することを示している。

ボーアは量子条件で許された軌道上を円運動する電子は，光を発しないと仮定した（定常状態の仮説）。また電子がある軌道（$n=n_2$）から別の軌道（$n=n_1$）に移るとき，軌道間のエネルギー差に等しいエネルギーを持つ光子 1 つ（エネルギーは $h\nu$）を放出したり吸収したりする（式(3-20)）。

$$\Delta E = E_{n_2} - E_{n_1} = h\nu \qquad (3\text{-}20)$$

これを，ボーアの振動数条件（遷移仮説）という。電子がエネルギーの高い軌道から低い軌道に移る場合は光子を放出し，逆にエネルギーの低い軌道にある電子が $h\nu$ のエネルギーを持つ光子を吸収するとエネルギーの高い軌道に移る。各軌道のエネルギーは式（3-19）で表されるので，$n = n_2$ の軌道から $n = n_1$ の軌道に電子が遷移するときの軌道間のエネルギー差 ΔE は

$$\Delta E = E_{n_2} - E_{n_1} = \frac{m_0 e^4}{8\varepsilon_0^2 h^2}\left(\frac{1}{n_1^2} - \frac{1}{n_2^2}\right) \tag{3-21}$$

である。式（3-21）と式（3-4）より，輝線スペクトルを与える光の振動数 ν は

$$\nu = \frac{m_0 e^4}{8\varepsilon_0^2 h^3}\left(\frac{1}{n_1^2} - \frac{1}{n_2^2}\right) \tag{3-22}$$

である。また，式（3-22）は次のようにも書き換えられる。

$$\tilde{\nu} = \frac{1}{\lambda} = \frac{m_0 e^4}{8c\varepsilon_0^2 h^3}\left(\frac{1}{n_1^2} - \frac{1}{n_2^2}\right) \tag{3-23}$$

ボーアの原子模型から導きだされた式（3-23）は，水素の原子スペクトルの実験式であるリュードベリーの式と同じ形をしている。リュードベリー定数に相当する $m_0 e^4 / 8c\varepsilon_0^2 h^3$ の部分は

$$\frac{m_0 e^4}{8c\varepsilon_0^2 h^3} = 1.09738 \times 10^7 \ \mathrm{m^{-1}} \tag{3-24}$$

である。この値は実験で得られたリュードベリー定数 $R_{\mathrm{H}} = 1.0973732 \times 10^7 \ \mathrm{m^{-1}}$ と極めてよく一致することから，ボーアの理論は水素原子の合理的な原子模型を与えることが示された。

原子核と 1 つの電子からなる水素原子に類似のイオンについても，原子核の電荷を $+Ze$（Z は原子番号）として，同様に軌道のエネルギー（式（3-25））と軌道半径（式（3-26））を導く事ができる。

$$E_n = -\frac{m_0 Z^2 e^4}{8\varepsilon_0^2 h^2} \cdot \frac{1}{n^2} \tag{3-25}$$

$$r_n = \frac{\varepsilon_0 h^2}{\pi m_0 Z e^2} \cdot n^2 \tag{3-26}$$

ボーアの理論によって，原子の構造がおぼろげながら見えてきた。しかし，ボーアの理論では 3 つの仮説（量子仮説，定常状態の仮説，遷移仮説）が唐突に導入されており，それらに対する物理的な根拠は示されなかった。また，2 つ以上の電子を持つ原子やイオンの輝線スペクトルをボーアの理論で説明することはできなかった。さらに，化学結合がなぜ形成されるのか？といった疑問に答えるには，ボーアの理論はあまりに無力であった。原子構造の正しい理解には，電子の波動性の概念と波動力学に基づく量子論の登場を待たなければならなかった。

3-3 電子の波動性

光は，波の性質（波動性）を示すとともに，粒子としての性質（粒子性）も持つ。光の波動性と粒子性は，次のように関係づけられる。光子のエネルギーは $E = h\nu = hc/\lambda$ である。この式とアインシュタインが提案した質量（m）をエネルギーに換算する関係式 $E = mc^2$ を結びつけると

$$\lambda = \frac{h}{mc} \tag{3-27}$$

が得られる（c は真空中での光の速度）。ド・ブロイは，光が波動性と粒子性の両方を合わせ持つのであれば，一見，粒子として振る舞う電子も波動性を示すのではないかと考え，式（3-27）を電子をはじめとした物質全般に拡張することを提案した。運動する物質が示す波の性質は，「ド・ブロイの物質波」（もしくは単純に物質波）と呼ばれる。質量 m（kg）の物体が速度 v（m s^{-1}）で運動しているとき，その物体は式（3-28）で与えられる波長 λ（ド・ブロイ波長）の波動性を示す。ここで，p は物質の運動量である。

$$\lambda = \frac{h}{m\mathrm{v}} = \frac{h}{p} \tag{3-28}$$

運動する物体が回折や干渉などの波動性を示すことは，にわかには信じがたい。実際，日常我々が手に触れる物体が波動性を示すことを目にすることはない。しかし，それは物体の質量 m がプランク定数 h に対してあまりに大きいために物質波の波長が極めて短く，観察されないためである。一方，電子のような質量の小さい物体が示す波動性は実験的に観測できる。電子の波動性は，電子線を結晶に照射すると回折像が現れることによって実証された。結晶は原子が規則的に並んだ構造をしており，電磁波である X 線を結晶に照射すると原子が X 線を散乱する回折格子として働き，散乱 X 線は回折像を与える。電子線を Ni 単結晶に照射したときも同様の回折像が得られ，その回折像は式（3-28）で計算された物質波の波長から予想されるものと一致した。現在では，電子と比べて極めて重いフラーレン（C_{60}）が波動性を示すことも観測されている。

電子の波動性をうまく利用したものに電子顕微鏡がある。例えば 100 kV で加速した電子の物質波の波長は 0.0039 nm 程度であり，電子顕微鏡ではこのような高速の電子を試料に照射して像を得るため，光学顕微鏡と比べて桁違いに高い空間分解能を得る事ができる。

3-4　電子の物質波が作る定常波

運動する電子が物質波を伴うことを考慮しながら，ボーアの原子模型をもう一度，見てみる。ボーア半径（$r = a_0$, $n = 1$）の軌道上を電子が運動しているとき，式（3-17）より電子の運動速度 v_1 は

$$v_1 = \frac{h}{2\pi m_0 a_0} \quad (3\text{-}29)$$

ゆえに，この電子が伴っている物質波の波長 λ_1 は

$$\lambda_1 = \frac{h}{m_0 v_1} = 2\pi a_0 \quad (3\text{-}30)$$

一方，ボーア軌道の円周は $L_1 = 2\pi a_0$ である。すなわち，$\lambda_1 = L_1$ である。$n = 2$，$n = 3$，$n = 4$ のときも同様に計算してみると，$2\lambda_2 = L_2$, $3\lambda_3 = L_3$, $4\lambda_4 = L_4$ となり，軌道の円周 $2\pi r$ は必ず（物質波の波長）×（量子数）に等しくなる。これは偶然であろうか？このことを図に表すと図 3-7（a）のようになる。この場合のように，一周したときに波の位相がそろう波を定常波と呼び，この状態を定常状態という。もし，波が一周したときに位相がそろわなければ，物質波は干渉して弱められ消滅してしまうため，そのような状態は安定には存在できない（図 3-7（b））。

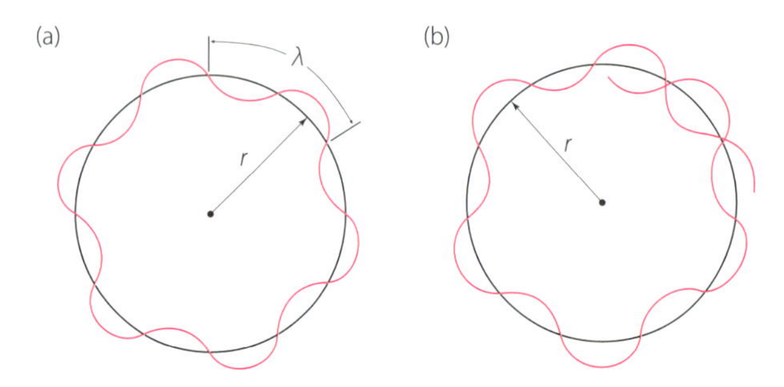

図 3-7　電子の物質波がつくる定常波（a）と非定常波（b）

ボーアの原子模型において，物質波が定常状態をとるためには（軌道の円周）＝（物質波の波長）×（整数）でなければならない。このことを式で表すと

$$2\pi r = n\frac{h}{m_0 v} \quad (3\text{-}31)$$

である。式（3-31）を少し変形すると

$$m_0 v r = n\frac{h}{2\pi} \quad (3\text{-}32)$$

となる。式（3-32）は，まさにボーアの量子条件（式（3-16））そのものである。すなわち，ボーアの量子条件は，電子の物質波が定常波となるための条件だったのである。また，定常波はエネルギーを失う

ことなく安定に存在できる波であることから，ボーア理論における定常状態仮説も電子の物質波が定常波であることを意味している。

図 3-7 は，電子の物質波は定常波でなければならないことを直感的に理解することを大いに助ける。しかし，次節以降で学ぶように実際の電子が伴っている定常波は二次元の円形をしているわけではないので注意が必要である。また電子は定常波として原子核を包み込むよう空間内に存在しており，ボーア模型でイメージされるパチンコ玉のような電子が原子核のまわりをグルグルと回っているわけではない。電子の定常波は，まるで雲のように原子核のまわりを漂っているため「電子雲」と呼ばれる。

3-5　不確定性原理

我々が日常，目にする巨視的な世界では，物体の位置と運動量は両方とも同時に正確に知る事ができると考えられている。しかし，電子のような微小な粒子では波動性が強く現れるため，その位置と運動量の両方を同時に正確に知ることは原理的にできない。

例えば，今，長さ L の一次元の箱の中に１個の電子が入っているとする。電子の位置を確認するためには，電子に光を当てて観察しなければならない。しかし，光は波長に応じた運動量 $p = h/\lambda$ を持つ粒子（光子）として電子に衝突するため，光に衝突された電子は $\Delta p = h/\lambda$ の運動量を光子から受け取ることになる。そのため，電子を観察したために，電子の運動量はもともとの運動量に対して $\Delta p = h/\lambda$ の誤差を含むことになる。Δp を小さくするためには波長の長い光を使えば良いが，箱よりも波長が長くなると電子が箱の中のどこに存在するのか分からなくなるので，λ は最大でも L である。ゆえに，$\Delta p = h/L$ が運動量の誤差の最小値である。運動量の誤差を生じさせないようにするためには電子の位置を観察しなければ良いが，この場合，電子が箱の中のどこにいるのかは分からないので，位置の誤差を Δx とすると $\Delta x = L$ となる。箱の長さを小さくして，位置の誤差 Δx を小さくしようとすると，運動量の誤差 Δp が大きくなってしまう。逆に，運動量の誤差 Δp を小さくするために箱の長さを長くすると，位置の誤差 Δx が大きくなってしまう。このように，Δp と Δx はトレードオフとなるので，どんなに精密に実験をしたとしても両者を同時にに知る事はできず，両者の積は必ずプランク定数よりも大きくなる。

$$\Delta x \Delta p \geq h \tag{3-33}$$

これを，ハイゼンベルグの不確定性原理と言う。

3-6 シュレーディンガーの波動方程式

シュレーディンガー

ボーアの理論によって，水素原子の原子スペクトルに合理的な解釈が与えられた。しかし，ボーアの理論は多くの点で不完全であった。ボーアの理論では，電子を粒子性のみを持つものとして取り扱っていたためである。電子は波動性を持つため，電子の波動性に立脚した新しい理論（量子力学）によって原子構造を理解する必要がある。物質波の運動を記述する基礎式（波動方程式）はシュレーディンガーによって提唱されたため，シュレーディンガーの波動方程式（シュレーディンガー方程式）と呼ばれる。シュレーディンガーは，電子の物質波も弦が作る波や水面を伝播する波と同じように取り扱う事ができると考えた。

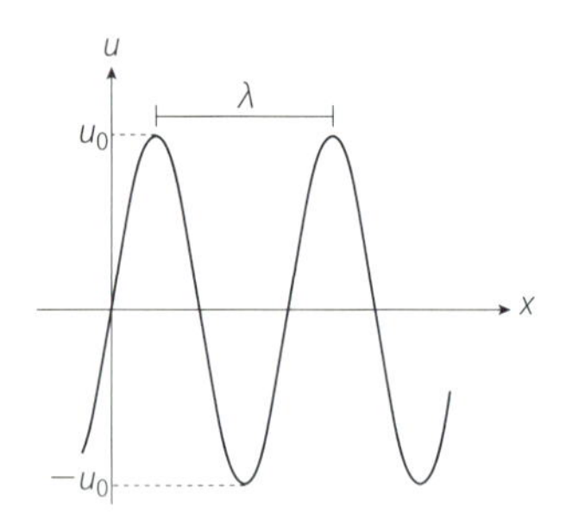

図 3-8　波長 λ の正弦波

物質波の波動方程式に入る前に一般的な波の一次元の波動方程式を導き，これを物質波へと展開する。振動数 ν，波長 λ の正弦波（図 3-8）は

$$u(x,t)=u_0\sin 2\pi\left(\frac{x}{\lambda}-\nu t\right) \tag{3-34}$$

と表される。ここで，$u(x,t)$ は位置 x，時間 t における波の振幅，u_0 は最大振幅，ν は振動数である。いま，$u(x,t)$ を t について 2 回偏微分すると

$$\frac{\partial^2 u(x,t)}{\partial t^2}=-u_0\cdot 4\pi^2\nu^2\sin 2\pi\left(\frac{x}{\lambda}-\nu t\right) \tag{3-35}$$

が得られる。また，$u(x,t)$ を x について 2 回偏微分すると

$$\frac{\partial^2 u(x,t)}{\partial x^2}=-u_0\cdot 4\pi^2\left(\frac{1}{\lambda}\right)^2\sin 2\pi\left(\frac{x}{\lambda}-\nu t\right) \tag{3-36}$$

が得られる。速度 v，波長 λ，振動数 ν の間には $\nu=\dfrac{\mathrm{v}}{\lambda}$ の関係があるので，これを用いると式（3-35）と式（3-36）から式（3-37）が導かれる。

$$\frac{\partial^2 u(x,t)}{\partial x^2}=\frac{1}{\mathrm{v}^2}\frac{\partial^2 u(x,t)}{\partial t^2} \tag{3-37}$$

式（3-37）は，一次元の波動方程式である。

式（3-37）は時間 t を含んでおり，時間によって形を変える進行性の波についての波動方程式である。一方，我々がこれから対象とするのは時間によって形を変えない電子の定常波なので，式（3-37）から時間 t を含まない定常状態の波動方程式を導く。オイラーの公式[8] を使って式（3-34）を複素関数で表すと

$$u(x,t) = u_0 \exp\left\{2\pi i\left(\frac{x}{\lambda} - \nu t\right)\right\} \tag{3-38}$$

となる。式（3-38）は位置 x の関数（$\psi(x)$）と時間 t の関数（$\tau(t)$）に分けられる。

$$u(x,t) = u_0 \exp\left(2\pi i \frac{x}{\lambda}\right)\exp(-2\pi i \nu t) = \psi(x)\tau(t) \tag{3-39}$$

式（3-39）と $\nu = \dfrac{\mathrm{v}}{\lambda}$ を式（3-37）に代入すると両辺から $\tau(t)$ が消え

$$\frac{d^2\psi(x)}{dx^2} + \frac{4\pi^2}{\lambda^2}\psi(x) = 0 \tag{3-40}$$

が得られる。この式は，時間によって形を変えない定常波に対する一次元の波動方程式である。

シュレーディンガーは，電子の物質波が作る波も定常波であるのならば，その波も式（3-40）を満たすはずであると考えた。式（3-40）にド・ブロイの物質波の関係式（式（3-28））を代入すると

$$\frac{d^2\psi(x)}{dx^2} + \frac{4\pi^2 m_0^2 \mathrm{v}^2}{h^2}\psi(x) = 0 \tag{3-41}$$

が得られる。ところで，この式には電子の運動速度 v が含まるが，物質波は定常波となっているので v を使うことは都合が悪い。そこで，運動速度 v を別のもので表す必要がある。電子の全エネルギー E は運動エネルギーと位置エネルギーの和なので

$$E = \frac{1}{2} m_0 \mathrm{v}^2 + V \tag{3-42}$$

ゆえに，電子の運動速度 v は式（3-43）で表される。

$$\mathrm{v} = \sqrt{\frac{2(E - V)}{m_0}} \tag{3-43}$$

式（3-43）を式（3-41）に代入して整理すると，電子の物質波が作る定常波に対する一次元の波動方程式が得られる。

$$\frac{d^2\psi(x)}{dx^2} + \frac{8\pi^2 m_0}{h^2}(E - V)\psi(x) = 0 \tag{3-44}$$

この式が，一次元のシュレーディンガー方程式である。三次元の場合は $V = V(x, y, z)$ として

8）$e^{i\theta} = \cos\theta + i\sin\theta$

$$\left(\frac{\partial^2}{\partial x^2}+\frac{\partial^2}{\partial y^2}+\frac{\partial^2}{\partial z^2}\right)\psi(x,y,z)$$

$$+\frac{8\pi^2 m_0}{h^2}(E-V)\psi(x,y,z)=0 \qquad (3\text{-}45)$$

が得られる。この式を変形すると

$$\left\{-\frac{h^2}{8\pi^2 m_0}\left(\frac{\partial^2}{\partial x^2}+\frac{\partial^2}{\partial y^2}+\frac{\partial^2}{\partial z^2}\right)+V\right\}\psi(x,y,z)$$

$$=E\psi(x,y,z) \qquad (3\text{-}46)$$

となる。{　}の部分はハミルトニアン演算子と呼ばれ，H で表される。結局，式（3-46）は次のように簡略化した形で表される。ただし，$\psi=\psi(x,y,z)$ である。

$$H\psi=E\psi \qquad (3\text{-}47)$$

シュレーディンガー方程式に位置エネルギー V を与えて 2 階微分方程式を解くことで，波動関数 ψ とその状態にあるときの電子の全エネルギー E が得られる。波動関数 ψ は電子の運動状態，すなわち定常波の形を表す。定常波の形とは，例えば正弦波の形が式（3-34）で表されることと同じである。しかし電子の物質波は，弦や水面の波のように媒体が実際に振動してできる波ではなく「振幅と位相を持ち，干渉を起こす」という波の性質を電子が持っているということである。

物質波の波動関数 ψ は位相を持ち，それは負の値もとりうる。そのため，波動関数自身は物理的な意味を持たない。現在では，「波動関数の 2 乗 $|\psi|^2=\psi\times\psi^*$（$\psi^*$ は ψ の複素共役関数）[9] は，ある位置において粒子（電子）が見いだされる確率密度である」と考えるボルンの解釈が広く受け入れられている。一次元空間において，波動関数が $\psi(x)$ ならば，x と $x+\Delta x$ の間に電子が見いだされる確率は $|\psi|^2 dx$ で表される。三次元空間では，$|\psi|^2 dxdydz$ は微小空間 $d\nu(=dxdydz)$ の中に電子が見いだされる確率を与える。1 つの電子についての波動関数を考えた場合，確率密度を全空間で足し合わせると必ず 1 にならなければならない。これは規格化条件と呼ばれ

$$\int_{-\infty}^{+\infty}\int_{-\infty}^{+\infty}\int_{-\infty}^{+\infty}|\psi|^2 dxdydz=1 \qquad (3\text{-}48)$$

と表される。波動関数 ψ は，必ず規格化条件を満たさなければならない。シュレーディンガー方程式の解のすべてが波動関数となるわけではなく，波動関数は有限，一価，全空間で連続しているといった条件も満たさなければならない [10]。$|\psi|^2$ は電子の存在確率を表すため，波動関数 ψ は有限でなければ規格化条件が満たされない。また，波動関数 ψ は確率を表す関数なので，同じ位置で 2 つの値をとってはいけない。さらに，波動関数 ψ は電子の波動を表すため，途中で途切れることなく全空間で連続していなければならない。

9）波動関数が実関数であれば $|\psi|^2=\psi\times\psi$

10）物質波の波動関数にはならない関数

有限でない　一価でない　連続でない

波動関数は電子の物質波が定常波として振る舞っている様子を表しており，ボーアの理論で考えられていた質点として電子が運動する軌跡とは著しく異なる。ボーア理論で用いられる，電子が運動する軌道（orbit）に代わる言葉として，オービタル（orbital，軌道のようなという意味）が用いられる。

3-7　一次元の箱の中に閉じ込められた電子の波動関数とエネルギー

シュレーディンガー方程式を解くことで波動関数ψとψに応じた電子の全エネルギーEが得られる。我々が知りたいのは，原子の中で電子の物質波が描く軌道とそのエネルギーであるが，そこに進む前に，ここでは最も単純な系である一次元の箱の中に閉じ込められた電子についてのシュレーディンガー方程式を解いてみる。これを通じて，シュレーディンガー方程式を解くとはどういうことなのか，波動関数とはいったいどういうものなのか，電子のような微小な粒子のエネルギーはどのように変化するのかを理解する。

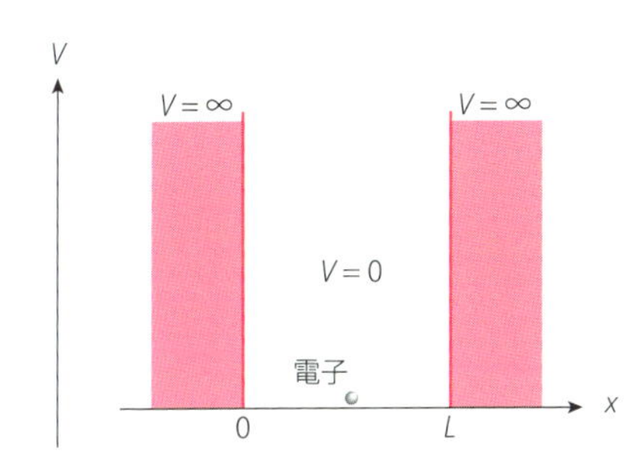

図 3-9　一次元の箱の中の電子

ここに長さLの一次元の箱があり，その中に1個の電子が存在する（図 3-9）。一次元とは，運動が一方向に限られていることを意味しており，この方向をx軸にとる。箱の外（$x < 0$および$L < x$）の位置エネルギーを$+\infty$とする（$V = +\infty$）。$V = +\infty$の場所では，電子の存在確率はゼロである（式（3-49））。

$$\psi(x) = 0 \qquad (x < 0 \text{ および } L < x) \tag{3-49}$$

一方，箱の中（$0 \leq x \leq L$）の位置エネルギーをゼロ（$V = 0$）とする。箱の中の電子にはいかなる力も働かないので，電子は自由に運動できる$V = 0$を式 (3-44) に代入して，箱の中の電子に対する一次元のシュレーディンガー方程式（式 (3-50)）を得る。

$$\frac{d^2\psi(x)}{dx^2} = -\frac{8\pi^2 m_0}{h^2} E\psi(x) \tag{3-50}$$

ここで

$$\frac{8\pi^2 m_0}{h^2} E = k^2 \tag{3-51}$$

とおくと，式（3-50）は

$$\frac{d^2\psi(x)}{dx^2} = -k^2\psi(x) \tag{3-52}$$

となる。式（3-52）の２階微分方程式は，A と B を任意定数とする一般解

$$\psi(x) = A\sin kx + B\cos kx \tag{3-53}$$

をもつことが知られている（A と B は後ほど決める）。波動関数 $\psi(x)$ は $x < 0$ および $L < x$ で $\psi(x) = 0$ なので，$\psi(x)$ が全空間で連続するためには，$x = 0$ と $x = L$ の位置で $\psi(x) = 0$ でなければならない（境界条件）。$\cos 0 = 1$ なので，式（3-53）が $x = 0$ で $\psi(0) = 0$ であるためには，任意定数 B はゼロ（$B = 0$）でなければならない。また，$x = L$ で

$$\psi(L) = A\sin kL = 0 \tag{3-54}$$

を満たすためには，$kL = n\pi$（ただし，$n = 1, 2, 3, 4, \cdots$）でなければならない。したがって

$$k = \frac{\pi}{L}\cdot n \tag{3-55}$$

である。整数 n が，波動関数を導く過程で自然に出てきたことに注目して欲しい。n は量子数である。n はゼロをとらないが，これは $n = 0$ では常に $\psi(x) = 0$ であるため，箱の中に電子が常に存在しないことになるからである。ここまでに得られた値から，波動関数は

$$\psi(x) = A\sin\left(\frac{n\pi}{L}x\right) \tag{3-56}$$

となる。式（3-56）を規格化すると

$$A^2\int_{-\infty}^{+\infty}\sin^2\left(\frac{n\pi}{L}x\right)dx = A^2\int_0^L \sin^2\left(\frac{n\pi}{L}x\right)dx$$

$$= A^2\int_0^L \frac{1-\cos\left(\frac{2n\pi}{L}x\right)}{2}dx = \frac{A^2L}{2} = 1 \tag{3-57}$$

ゆえに

$$A = \sqrt{\frac{2}{L}} \tag{3-58}$$

したがって箱の中（$0 \leq x \leq L$）での波動関数 $\psi(x)$ は

$$\psi(x) = \sqrt{\frac{2}{L}}\sin\left(\frac{n\pi}{L}x\right) \qquad (n = 1, 2, 3, 4, \cdots) \tag{3-59}$$

と求められる。

続いて，電子の全エネルギー E を求める。式（3-51）に式（3-55）

を代入すると

$$E = \frac{n^2 h^2}{8 m_0 L^2} \qquad (n = 1, 2, 3, 4, \cdots) \qquad (3\text{-}60)$$

が得られる。電子の全エネルギーは量子数 n によって決められ，箱の大きさ L が大きくなるほど E は小さくなる。

図 3-10 に，箱の中の電子の波動関数 $\psi(x)$，確率密度 $|\psi(x)|^2$，エネルギーを図示した。電子のエネルギーは量子数によって決まるとびとびの値しかとれず，量子数 $n = 1$ の状態がエネルギー最小となる基底状態である。波動関数は正弦波の形をしている。基底状態では箱の中央部（$x = L/2$）の確率密度が最も高く，箱の両端に行くに従って確率密度は小さくなる。$n \geq 2$ の励起状態にあるとき，箱の中で電子の存在確率がゼロになる節（node）が現れる。例えば，量子数 $n = 2$ では箱の中央部に節が現れるため，この場所で電子をいくら探しても全く観察されない。箱の中に電子が存在しているにも関わらず，このようなことが起こるのは電子が波動性を示すことに由来している。量子数が大きくなるに従い節の数は増え，電子のエネルギーも高くなる[11)]。

11）箱の中の電子のエネルギーは，基底状態にあってもゼロではなく有限の値を示す。このエネルギーのことをゼロ点エネルギーと言う。巨視的な世界では，物体の質量 m と運動する範囲 L は h^2 に対して圧倒的に大きいので，式（3-60）で計算される E はほぼゼロと見なすことができる。

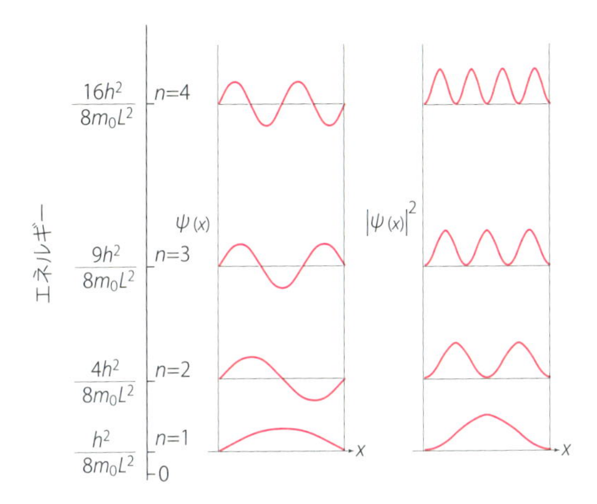

図 3-10　一次元の箱の中の電子の波動関数，確率密度，エネルギー

このように電子に対するシュレーディンガー方程式を解くことによって，電子の運動状態を詳細に知ることができる。

3-8　水素原子の電子の状態

水素原子のシュレーディンガー方程式は，一次元の箱の中の電子と同様，数学的に厳密に解くことができ波動関数とエネルギーを決めることができる。水素原子は，電荷 $-e$ で質量 m_0 の電子が，$+e$ の電荷を持つ原子核のまわりを運動している系である。位置エネルギー V

は，原子核と電子の間の距離 r に依存し

$$V = -\frac{e^2}{4\pi\varepsilon_0 r} \tag{3-61}$$

と与えられるので，シュレーディンガー方程式は

$$\left\{-\frac{h^2}{8\pi^2 m_0}\left(\frac{\partial^2}{\partial x^2}+\frac{\partial^2}{\partial y^2}+\frac{\partial^2}{\partial z^2}\right)-\frac{e^2}{4\pi\varepsilon_0 r}\right\}\psi(x, y, z)$$
$$= E\psi(x, y, z) \tag{3-62}$$

となる。この波動方程式は，直交座標系（x, y, z）を極座標系（r, θ, φ）に変換する（図 3-11）と解ける。

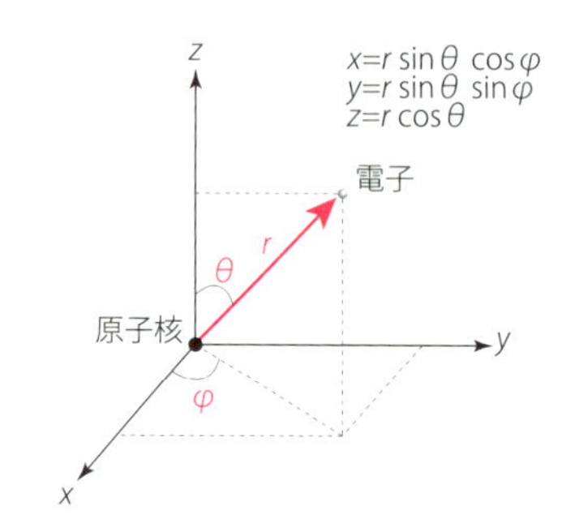

図 3-11　直交座標系と極座標系の関係

波動方程式の解き方は非常に難解であるため詳細は成書に譲ることにし，ここでは得られた波動関数とエネルギーがどのようなものであるのかを理解することに注力する。波動関数 $\psi(r, \theta, \varphi)$ は，r のみを変数とする動径関数 $R_{n,l}(r)$ と角度変数 θ および φ を変数とする球面調和関数 $Y_{l,m}(\theta, \varphi)$ の積として表される。

$$\psi(r, \theta, \varphi) = R_{n,l}(r)Y_{l,m}(\theta, \varphi) \tag{3-63}$$

この波動関数には，n, l, m という 3 つの量子数が含まれ，これらが波動関数を決めている。これらの量子数は，ちょうど一次元の箱の中の電子の波動方程式を解く過程で自然に出てきた量子数と同様に，水素原子の波動関数を導出する過程で自然に出てきたものである。水素原子の波動関数は，主量子数 n，方位量子数 l，磁気量子数 m の 3 つの量子数によって決まり，その波動関数は原子軌道（Atomic orbital）と呼ばれる。主量子数 n は原子軌道の大きさとエネルギーを，方位量子数 l は軌道の形を，磁気量子数 m は空間での原子軌道の配向を決める。量子数は自由な値がとれるわけではなく，許される値は

$$n = 1, 2, 3, 4, \cdots$$
$$l = 0, 1, 2, 3, \cdots, n-1$$
$$m = -l, -l+1, \cdots, 0, \cdots, l-1, l$$

である。1 つの n に対して，l は n 個の値をとり，1 つの l に対して m は（$2l+1$）個の値をとることができる。例えば，$n = 1$ のとき，l は

0 しかとることができない。また，$l = 0$ であれば m は 0 しかとることができないので，$n = 1$ のときの（n, l, m）の組は（1, 0, 0）しかない。図 3-12 に，$n = 4$ のときのすべての（n, l, m）の組を図示した。

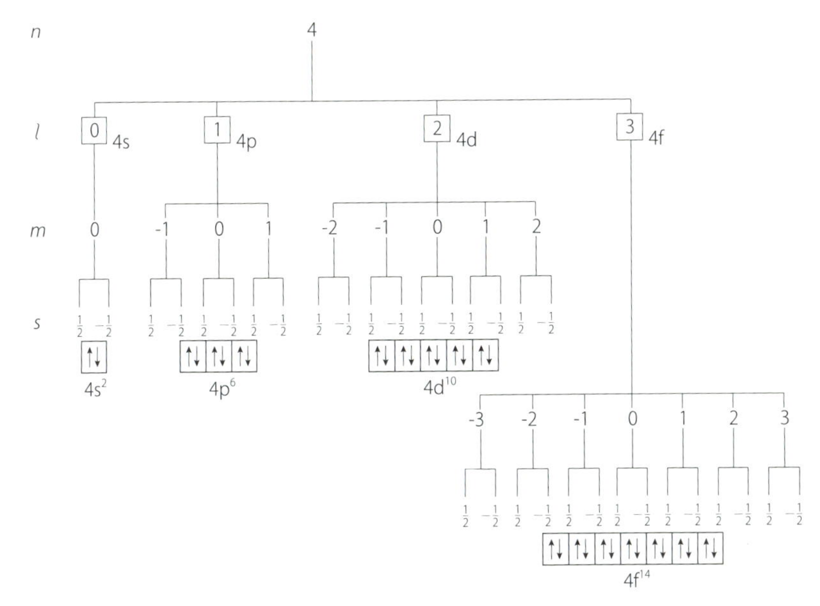

図 3-12　$n = 4$ の原子軌道の階層構造

このようなものを，原子軌道の階層構造と呼ぶ。量子数には後ほど述べる電子の自転に関するスピン磁気量子数 s（$= \pm 1/2$）もあるため，図 3-12 の階層構造には s も含めた。主量子数 $n = 1, 2, 3, 4, \cdots$ の原子軌道は，それぞれ K 殻，L 殻，M 殻，N 殻，… と呼ばれる。方位量子数 $l = 0, 1, 2, 3, \cdots$ にも対応する記号が与えられており，それぞれ s, p, d, f と記される。各原子軌道は，主量子数 n と方位量子数 l を合わせて表記される。例えば，$n = 1$，$l = 0$ の原子軌道は 1s（イチ エス），$n = 2$，$l = 1$ の原子軌道は 2p（ニ ピー），$n = 3$，$l = 2$ の原子軌道は 3d（サン ディー）と表記される。

一方，電子の全エネルギーは，主量子数 n によってのみ決まる（式（3-64））。

$$E_n = -\frac{m_0 e^4}{8\varepsilon_0{}^2 h^2} \cdot \frac{1}{n^2} \tag{3-64}$$

式（3-64）は，ボーア理論で導きだされた水素原子中の電子のエネルギーと同じ式である。軌道のエネルギーは主量子数 n のみによって決まるので，ある主量子数 n に対して n^2 個の同一のエネルギーをもつ軌道が存在する（図 3-13）。このことを縮退していると言う。スピン磁気量子数も考慮すると，軌道の縮退度は $2n^2$ になる。

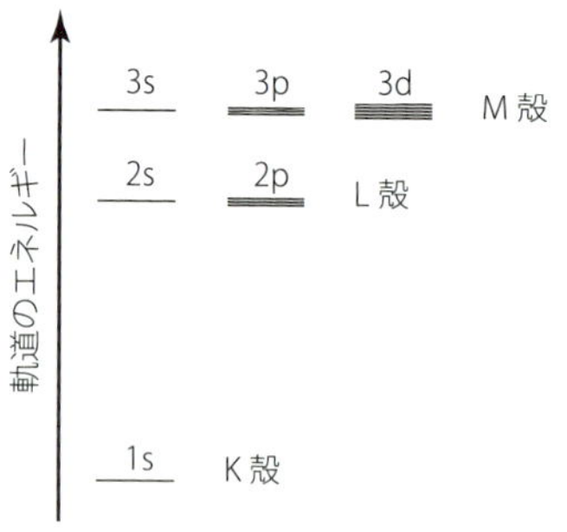

軌道のエネルギー

3s	3p	3d	M殻
2s	2p		L殻
1s			K殻

図 3-13　水素原子のエネルギー準位と縮退

3 つの量子数によって決められる波動関数は無数に存在するが，我々が注目すべきものは主量子数の比較的小さいすなわちエネルギーの低いものである。表 3-2 に主量子数 $n=1$ および 2 の波動関数を示す。ここで，a_0 はボーア半径である。

表 3-2　水素原子の波動関数（$n=1, 2$）

n	l	m	波動関数
1	0	0	$\Psi_{1s}=\dfrac{1}{\sqrt{\pi}}\left(\dfrac{1}{a_0}\right)^{3/2}e^{-r/a_0}$
2	0	0	$\Psi_{2s}=\dfrac{1}{4\sqrt{2\pi}}\left(\dfrac{1}{a_0}\right)^{3/2}\left(2-\dfrac{r}{a_0}\right)e^{-r/2a_0}$
2	1	0	$\Psi_{2p_z}=\dfrac{1}{4\sqrt{2\pi}}\left(\dfrac{1}{a_0}\right)^{3/2}\dfrac{r}{a_0}e^{-r/2a_0}\cos\theta$
2	1	±1	$\Psi_{2p_x}=\dfrac{1}{4\sqrt{2\pi}}\left(\dfrac{1}{a_0}\right)^{3/2}\dfrac{r}{a_0}e^{-r/2a_0}\sin\theta\cos\varphi$
2	1		$\Psi_{2p_y}=\dfrac{1}{4\sqrt{2\pi}}\left(\dfrac{1}{a_0}\right)^{3/2}\dfrac{r}{a_0}e^{-r/2a_0}\sin\theta\sin\varphi$

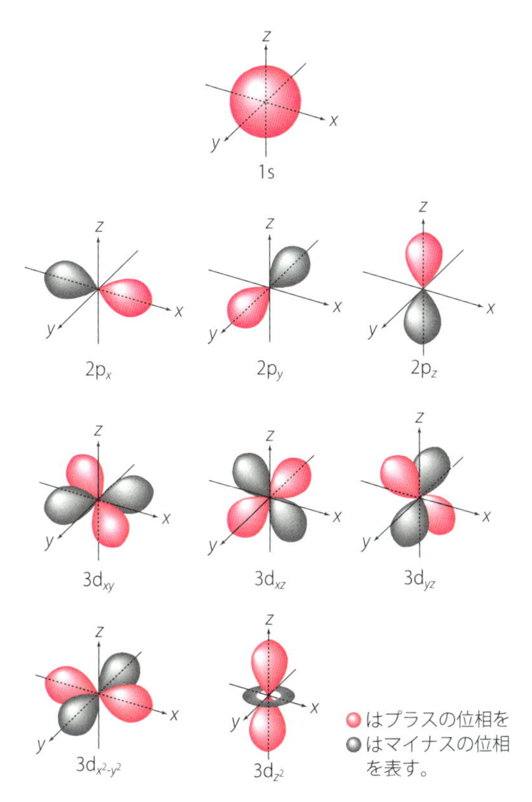

図 3-14　s 軌道，p 軌道，d 軌道の形状

図 3-14 には s, p, d 軌道の形状を示した。エネルギーが最も低い原子軌道は 1s である。1s は r のみの関数であり角度変数 θ, φ は含まれていない。すなわち，1s 軌道は球対称をしている。エネルギーが 2 番目に低い軌道は，2s 軌道と 3 つの 2p 軌道である。2s 軌道は 1s 軌道よりも大きく，$r = 2a_0$ に節が現れる。2p 軌道は軸対称性をもち，$2p_x$, $2p_y$, $2p_z$ はそれぞれ x 軸，y 軸，z 軸方向に張り出している。エネルギーが 3 番目に低い軌道は，3s 軌道，3 つの 3p 軌道（$3p_x$, $3p_y$, $3p_z$）と 5 つの 3d 軌道（$3d_{xy}$, $3d_{xz}$, $3d_{yz}$, $3d_{z2}$, $3d_{x2-y2}$）である。3d 軌道は磁気量子数によって，原子軌道の形と空間に張り出す方向が異なる。次章で学ぶように，化学結合は原子軌道（電子雲）の重なりによって生じるので，空間内での原子軌道の配向は化学結合を形成する際に重要となる。

Na 原子の原子スペクトルに見られるオレンジ色の輝線（D 線）は，3p → 3s への遷移によるものであるが，詳細に調べてみると波長が極めて近い 2 本の輝線（$D_1 = 589.76$ nm，$D_2 = 589.16$ nm）からなっている[12]。このことを説明するために，ウーレンベックとハウトスミットは電子が固有の磁気モーメントをもっているという考えを提案した。古典論的には，電子が自転（スピン）していると考えると直感的に理解できる。パウリは，電子のスピンに対する第 4 の量子数とし

12）Na のような多電子原子においては，主量子が同じでも方位量子数が異なると原子軌道のエネルギーが異なる。

て，スピン磁気量子数 s を導入した。スピン磁気量子数は $s = +1/2$ と $-1/2$ をとり，前者は α スピン，後者を β スピンと呼ばれ，それぞれの状態は上向き矢印（↑），下向き矢印（↓）で表記される。

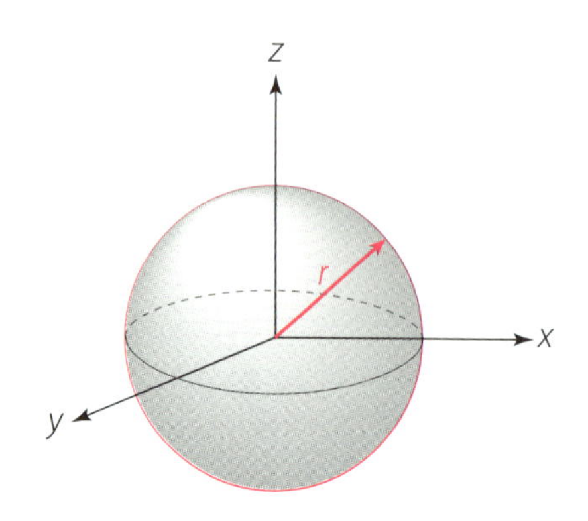

球の表面積 × 確率密度 = 動径分布関数

図 3-15　動径分布関数の定義

動径分布関数とは，原子核から距離 r だけ離れた場所のどこかに電子を見いだす確率を表す関数である。すなわち，半径 r の球面上のどこかに電子を見いだす確率を表す関数が動径分布関数である（図 3-15）。$|\psi|^2 dxdydz$ は，ある微小空間 dv(= $dxdydz$) の中に電子が見いだされる確率を与えるという，ボルンの解釈を思い出して欲しい。いま，原子核のまわりの空間に存在する半径 r の球面の上にある厚さ dr の殻を考える。この殻の体積 dv は

$$dv = 4\pi r^2 dr \tag{3-65}$$

なので，動径分布関数 $D(r)$ は

$$D(r) = |\psi|^2 4\pi r^2 \tag{3-66}$$

で与えられる。表 3-2 より 1s 原子軌道の動径分布関数は

$$D_{1s}(r) = \frac{4}{a_0^3} r^2 \exp\left(-\frac{2r}{a_0}\right) \tag{3-67}$$

で与えられる。図 3-16 に，1s, 2s, 2p, 3p, 3d 軌道の動径分関数を r に対して示した。

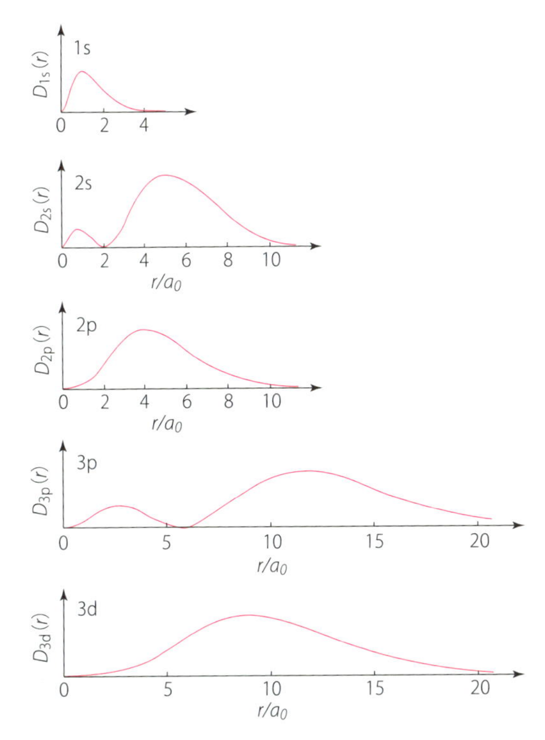

図 3-16　水素原子の 1s, 2s, 2p, 3p, 3s 軌道の動径分布関数
a_0 はボーア半径（＝0.0529 nm）

電子の存在確率は原子核近傍あるいは原子核から遠く離れたところでは非常に小さく，その間で最大になる。$D_{1s}(r)$ が極大になる位置 r は $dD(r)/dr = 0$ となる $r = a_0$ である。動径分布関数から，原子核からかなり遠いところまで電子は存在しているので，原子の大きさは明確ではない。便宜的に電子の確率密度が 90 % までの領域を原子の大きさとして定義されることが多い。

3-9　多電子原子の電子配置と周期律

水素以外の原子は複数個の電子を持っており，これらは多電子原子と呼ばれる。電子は負電荷を持つため，電子どうしは反発する。多電子原子ではこの電子間の反発相互作用によって位置エネルギー項が複雑化するため，電子が 2 個のヘリウム原子であってもシュレーディンガー方程式を厳密に解くことはできない。そこで，近似法が必要になる。代表的な近似法に一電子近似がある。この近似では，各電子は原子核とそれ自身以外の電子による平均的な球対称の電場の中で運動していると見なす。こうすることで，水素原子と同様の一電子の問題として扱えるようになる。多電子原子では原子核のまわりに存在する別の電子による遮蔽効果によって核電荷の電場が弱められるので，電子が感じる核電荷（有効核電荷，$+Z_{\mathrm{eff}}e$）は，$+Ze$（Z は原子番号）

表 3-3　原子の電子配置（1）

周期	原子番号	元素	K	L		M			N				O				P				Q	
			1s	2s	2p	3s	3p	3d	4s	4p	4d	4f	5s	5p	5d	5f	6s	6p	6d	6f	7s	
1	1	H	1																			
	2	He	2																			
2	3	Li	2	1																		
	4	Be	2	2																		
	5	B	2	2	1																	
	6	C	2	2	2																	
	7	N	2	2	3																	
	8	O	2	2	4																	
	9	F	2	2	5																	
	10	Ne	2	2	6																	
3	11	Na				1																
	12	Mg				2																
	13	Al				2	1															
	14	Si	[Ne] ネオン構造 ($1s^2 2s^2 2p^6$)			2	2															
	15	P				2	3															
	16	S				2	4															
	17	Cl				2	5															
	18	Ar	2	2	6	2	6															
4	19	K						··	1													
	20	Ca						··	2													
	21	Sc						1	2													第一遷移元素
	22	Ti						2	2													
	23	V						3	2													
	24	Cr						5	1													
	25	Mn						5	2													
	26	Fe	[Ar] アルゴン構造 ($1s^2 2s^2 2p^6 3s^2 3p^6$)					6	2													
	27	Co						7	2													
	28	Ni						8	2													
	29	Cu						10	1													
	30	Zn						10	2													
	31	Ga						10	2	1												
	32	Ge						10	2	2												
	33	As						10	2	3												
	34	Se						10	2	4												
	35	Br						10	2	5												
	36	Kr	2	2	6	2	6	10	2	6												
5	37	Rb									··	··	1									
	38	Sr									··	··	2									
	39	Y									1	··	2									第二遷移元素
	40	Zr									2	··	2									
	41	Nb									4	··	1									
	42	Mo									5	··	1									
	43	Tc									6	··	1									
	44	Ru	[Kr] クリプトン構造 ($1s^2 2s^2 2p^6 3s^2 3p^6 3d^{10} 4s^2 4p^6$)								7	··	1									
	45	Rh									8	··	1									
	46	Pd									10	··	··									
	47	Ag									10	··	1									
	48	Cd									10	··	2									
	49	In									10	··	2	1								
	50	Sn									10	··	2	2								

（色付き）典型元素

表 3-3　原子の電子配置（2）

周期	原子番号	元素	K	L		M			N				O				P				Q
			1s	2s	2p	3s	3p	3d	4s	4p	4d	4f	5s	5p	5d	5f	6s	6p	6d	6f	7s
5	51	Sb	クリプトン構造								10	‥	2	3							
	52	Te									10	‥	2	4							
	53	I									10	‥	2	5							
	54	Xe	2	2	6	2	6	10	2	6	10	‥	2	6							
6	55	Cs	2	2	6	2	6	10	2	6	10	‥	2	6	‥	‥	1				
	56	Ba	2	2	6	2	6	10	2	6	10	‥	2	6	‥	‥	2				
	57	La	2	2	6	2	6	10	2	6	10	‥	2	6	1	‥	2				
	58	Ce	2	2	6	2	6	10	2	6	10	2	2	6	‥	‥	2				
	59	Pr	2	2	6	2	6	10	2	6	10	3	2	6	‥	‥	2				
	60	Nd	2	2	6	2	6	10	2	6	10	4	2	6	‥	‥	2				
	61	Pm	2	2	6	2	6	10	2	6	10	5	2	6	‥	‥	2				
	62	Sm	2	2	6	2	6	10	2	6	10	6	2	6	‥	‥	2				
	63	Eu	2	2	6	2	6	10	2	6	10	7	2	6	‥	‥	2				
	64	Gd	2	2	6	2	6	10	2	6	10	7	2	6	1	‥	2				
	65	Tb	2	2	6	2	6	10	2	6	10	9	2	6	‥	‥	2				
	66	Dy	2	2	6	2	6	10	2	6	10	10	2	6	‥	‥	2				
	67	Ho	2	2	6	2	6	10	2	6	10	11	2	6	‥	‥	2				
	68	Er	2	2	6	2	6	10	2	6	10	12	2	6	‥	‥	2				
	69	Tr	2	2	6	2	6	10	2	6	10	13	2	6	‥	‥	2				
	70	Yb	2	2	6	2	6	10	2	6	10	14	2	6	‥	‥	2				
	71	Lu	2	2	6	2	6	10	2	6	10	14	2	6	1	‥	2				
	72	Hf	2	2	6	2	6	10	2	6	10	14	2	6	2	‥	2				
	73	Ta	2	2	6	2	6	10	2	6	10	14	2	6	3	‥	2				
	74	W	2	2	6	2	6	10	2	6	10	14	2	6	4	‥	2				
	75	Re	2	2	6	2	6	10	2	6	10	14	2	6	5	‥	2				
	76	Os	2	2	6	2	6	10	2	6	10	14	2	6	6	‥	2				
	77	Ir	2	2	6	2	6	10	2	6	10	14	2	6	7	‥	2				
	78	Pt	2	2	6	2	6	10	2	6	10	14	2	6	9	‥	1				
	79	Au	2	2	6	2	6	10	2	6	10	14	2	6	10	‥	1				
	80	Hg	2	2	6	2	6	10	2	6	10	14	2	6	10	‥	2				
	81	Tl	2	2	6	2	6	10	2	6	10	14	2	6	10	‥	2	1			
	82	Pb	2	2	6	2	6	10	2	6	10	14	2	6	10	‥	2	2			
	83	Bi	2	2	6	2	6	10	2	6	10	14	2	6	10	‥	2	3			
	84	Po	2	2	6	2	6	10	2	6	10	14	2	6	10	‥	2	4			
	85	At	2	2	6	2	6	10	2	6	10	14	2	6	10	‥	2	5			
	86	Rn	2	2	6	2	6	10	2	6	10	14	2	6	10	‥	2	6			
7	87	Fr	2	2	6	2	6	10	2	6	10	14	2	6	10	‥	2	6	‥	‥	1
	88	Ra	2	2	6	2	6	10	2	6	10	14	2	6	10	‥	2	6	‥	‥	2
	89	Ac	2	2	6	2	6	10	2	6	10	14	2	6	10	‥	2	6	1	‥	2
	90	Th	2	2	6	2	6	10	2	6	10	14	2	6	10	‥	2	6	2	‥	2
	91	Pa	2	2	6	2	6	10	2	6	10	14	2	6	10	2	2	6	1	‥	2
	92	U	2	2	6	2	6	10	2	6	10	14	2	6	10	3	2	6	1	‥	2
	93	Np	2	2	6	2	6	10	2	6	10	14	2	6	10	5	2	6	‥	‥	2
	94	Pu	2	2	6	2	6	10	2	6	10	14	2	6	10	6	2	6	‥	‥	2
	95	Am	2	2	6	2	6	10	2	6	10	14	2	6	10	7	2	6	‥	‥	2
	96	Cm	2	2	6	2	6	10	2	6	10	14	2	6	10	7	2	6	1	‥	2
	97	Bk	2	2	6	2	6	10	2	6	10	14	2	6	10	8	2	6	1	‥	2
	98	Cf	2	2	6	2	6	10	2	6	10	14	2	6	10	10	2	6	‥	‥	2
	99	Es	2	2	6	2	6	10	2	6	10	14	2	6	10	11	2	6	‥	‥	2
	100	Fm	2	2	6	2	6	10	2	6	10	14	2	6	10	12	2	6	‥	‥	2
	101	Md	2	2	6	2	6	10	2	6	10	14	2	6	10	13	2	6	‥	‥	2
	102	No	2	2	6	2	6	10	2	6	10	14	2	6	10	14	2	6	‥	‥	2
	103	Lr	2	2	6	2	6	10	2	6	10	14	2	6	10	14	2	6	1	‥	2

ランタノイド（57～71）
第三遷移元素（57～79）
アクチノイド（89～103）
第四遷移元素（89～103）

よりも小さい。有効核電荷（$+Z_{\mathrm{eff}}e$）は，遮蔽定数σを使って次のように表される。

$$+Z_{\mathrm{eff}}e = +(Z-\sigma)e \tag{3-68}$$

外殻の電子ほど，その内側に存在する電子の数が多いので遮蔽定数σは大きくなる。

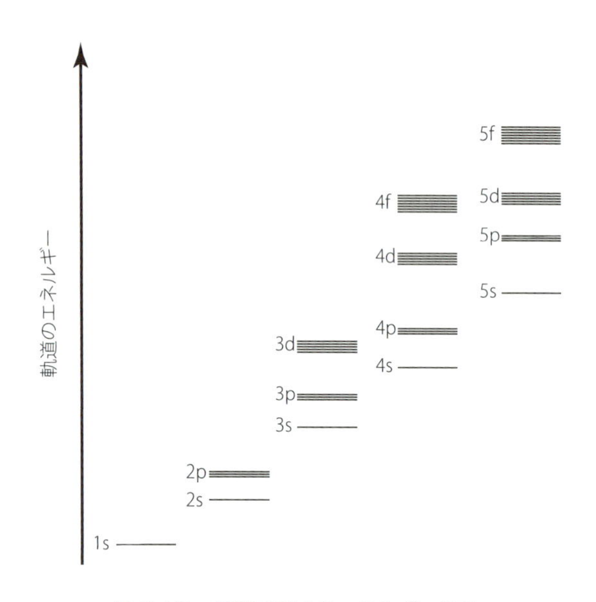

図 3-17　多電子原子のエネルギー準位

一電子近似によって得られた原子軌道のエネルギーを図 3-17 に示した。水素原子のエネルギー準位は主量子数 n のみで決まったが，多電子原子では n が同じ原子軌道でも方位量子数 l の大きい軌道の方がエネルギーが高い。これは，方位量子数 l が大きい軌道ほど原子核から離れた位置の電子の存在確率が大きいために遮蔽効果が強く働き，そのため l が小さい原子軌道よりも原子核に束縛されることによるエネルギーの安定化の度合いが小さいためである。原子軌道のエネルギー準位は，ほぼ 1s < 2s < 2p < 3s < 3p < 4s ≤ 3d < 4p < 5s ≤ 4d < 5p < 6s < 4f ≤ 5d < 6p < 7s < 5f < 6d < 7p の順に高くなる。また原子番号が大きくなるほど核電荷は大きくなるため，たとえ主量子数 n，方位量子数 l が同じ原子軌道であっても，原子番号の大きい原子の方がそのエネルギーは低くなる。例えば，水素原子の 1s 軌道よりも Li 原子の 1s 軌道のエネルギー準位は低い。

基底状態では原子は最もエネルギーの低い状態をとろうとする。1s 軌道のエネルギーが最も低いが，すべての電子は 1s 軌道に収容されるわけではない。電子は「4 つの量子数（n, l, m, s）によって規定される 1 つの状態には 1 個の電子しか存在できない」とするパウリの排他原理（Pauli's exclusion principle）に従って原子軌道に配置される。

スピン量子数は2つの状態をとるので，軌道部分に関する3つの量子数 n, l, m で決まる1つの原子軌道には最大2個の電子が入り，それらは必ずスピンの向きが逆でなければならない。この規則に従って原子番号の小さい原子から電子配置を考えていくと，電子が6個の炭素原子のところで，3つの2p軌道に対して2個の電子をどのように配置したらよいかが問題になる。このような，方位量子数 l の等しい軌道（例えば $2p_x$，$2p_y$，$2p_z$）に電子が収容されるときは，できる限り磁気量子数の異なった軌道にスピンの向きを揃えて電子は配置しようとする。これを，フントの規則（Hund's rule）と言う。負電荷を持つ電子が同じ原子軌道に入るよりも，別の原子軌道に1つづつ入ったほうが電子どうしの反発が小さくなり安定化するためである。これらの構成原理にしたがってHからMgまで電子を充填していくと図3-18の電子配置が得られる。

元素	原子軌道					
	1s	2s	2p			3s
H	↑					
He	↑↓					
Li	↑↓	↑				
Be	↑↓	↑↓				
B	↑↓	↑↓	↑			
C	↑↓	↑↓	↑	↑		
N	↑↓	↑↓	↑	↑	↑	
O	↑↓	↑↓	↑↓	↑	↑	
F	↑↓	↑↓	↑↓	↑↓	↑	
Ne	↑↓	↑↓	↑↓	↑↓	↑↓	
Na	↑↓	↑↓	↑↓	↑↓	↑↓	↑
Mg	↑↓	↑↓	↑↓	↑↓	↑↓	↑↓

図3-18　H～Mgまでの原子の電子配置

電子配置は原子軌道を表す記号を使って次のようにも記される。

酸素O: $1s^2 2s^2 2p^4$

右肩の数字は収容されている電子の数を表している。

表3-3に基底状態での元素の電子配置を示す。元素は最外殻の主量子数に応じて，第1周期から第7周期に分けられる。最外殻の電子配置は周期的に変化している。各周期では最外殻が ns^1 の元素（1族）で始まり，希ガス配置（$1s^2$ または ns^2np^6）の元素で終わる。1, 2族および12～18族の元素は典型元素と呼ばれる。同一周期の典型元

素において，原子番号が大きくなるに従って最外殻の軌道（s 軌道もしくは p 軌道）に電子が 1 つずつ順番に収容される。最外殻の電子配置は元素の性質に大きな影響を与えるので，典型元素の性質は原子番号とともに大きく変化する。

3 ～ 11 族の元素は遷移元素と呼ばれる。遷移元素の最外殻の電子配置は ns^1 もしくは ns^2 であり（$_{46}$Pd は例外），互いに類似している。そのため，原子番号の変化に伴う化学的性質の移り変わりは穏やかで，ある遷移元素の化学的性質は原子番号が前後のそれとよく似ている。$_{21}$Sc ～ $_{29}$Cu および $_{39}$Y ～ $_{47}$Ag は，それぞれ第一遷移元素，第二遷移元素と呼ばれる。最外殻は 4s および 5s 軌道であり，原子番号が大きくなるに従って最外殻よりも主量子数が 1 つ小さい d 軌道に電子はおおむね 1 つずつ収容されていく。第 6 周期の $_{57}$La ～ $_{71}$Lu はランタノイドと呼ばれる。ランタノイド系列の元素は，原子番号が大きくなるに従って最外殻（n ＝ 6）よりも主量子数が 2 つ小さい 4f 軌道に電子は収容されていく。これらの元素は最外殻（6s）と 1 つ内側の主量子数 5 の軌道（5s, 5p, 5d）の電子配置が極めて類似しているため化学的性質は大変似ており，通常の化学的分離法では分離が難しい。第 6 周期と基本的に似た入り方をする第 7 周期において，$_{89}$Ac ～ $_{103}$Lr はアクチノイドと呼ばれ，$_{91}$Pa から 5f 軌道に電子が収容される。$_{93}$Np 以降の元素は超ウラン元素と呼ばれ，すべて人工的に作られたものであり，原子炉や粒子加速器を使って合成されその性質が調べられている。

3-10　元素の周期的性質

メンデレーエフ

周期表（表見返し参照）はメンデレーエフによって経験的にまとめられたものであるが，電子配置に基づいて整理すると最外殻の電子配置が同じ元素を縦に並べたものに相当する。すなわち，最外殻の電子配置が元素の化学的な性質や反応性に大きく影響していることを示している。

3-10-1　イオン化エネルギーと電子親和力

中性の原子から電子 1 個を取り去るのに必要なエネルギーのことを第一イオン化エネルギー（I_E）という（図 3-19）。図 3-20 は第一イオン化エネルギーを原子番号 Z に対して示したものである。いずれの元素においても I_E は正の値をとる。つまり中性の原子から一価の陽イオンを生成するため際には，必ずエネルギーを必要とする。同一周期ではアルカリ金属元素の I_E が最も小さく，原子番号が大きくなるに従って I_E はおおむね増大し，希ガス元素で最大となる。このような変化は典型元素で顕著であり，これは典型元素の最外殻の電子配置が規則的に変化することに対応する。原子番号が大きくなると核電荷（＋Ze）が大きくなるため，最外殻のエネルギー準位が低下するからである。例えば，Li → Na → K → Rb → Cs のように，同族元素では主量子数が大きくなるほど I_E は小さくなる。しかし，原子番号が大きくなると電子の遮蔽効果も同時に大きくなるため，有効核電荷（＋$Z_{eff}e$）が小さくなり，第一イオン化エネルギーと原子番号（Z）は単純な比例関係にはない。一方，遷移元素では原子番号に伴う I_E の変化は小さい。遷移元素は，最外殻の電子配置が類似しているためである。

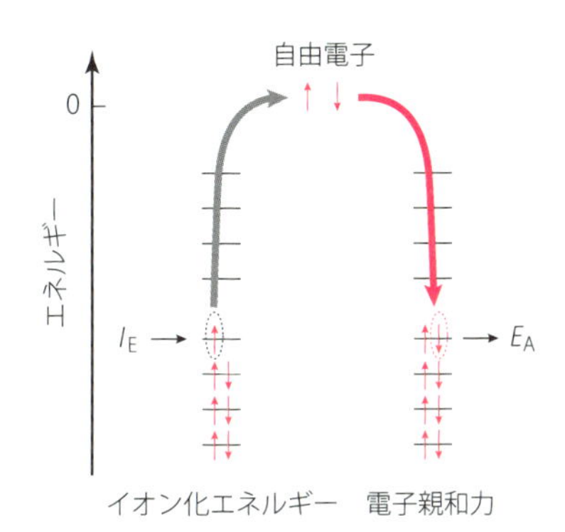

図 3-19　イオン化エネルギーと電子親和力

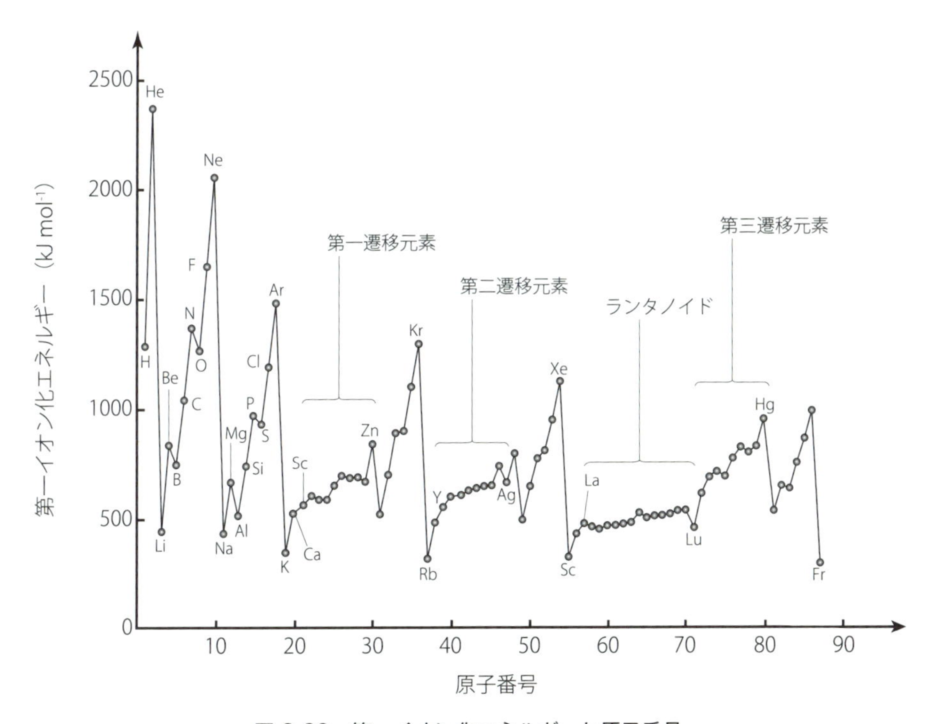

図 3-20　第一イオン化エネルギーと原子番号

表 3-4　電子親和力

周期	族 1	2	13	14	15	16	17	18
1	H 0.754							He -0.22
2	Li 0.62	Be -2.5	B 0.24	C 1.27	N ～0	O 1.47	F 3.34	Ne -0.30
3	Na 0.55	Mg -2.4	Al 0.46	Si 1.24	P 0.77	S 2.08	Cl 3.61	Ar -0.36
4	K 0.50	Ca -1.62	Ga 0.37	Ge 1.20	As 0.81	Se 2.02	Br 3.36	Kr -0.40
5	Rb 0.49	Sr -1.74	In 0.35	Sn 1.25	Sb 1.07	Te 1.97	I 3.06	Xe -0.42

単位は eV（1eV ＝ 1.602 × 10^{-19} J）

中性の原子が電子 1 個を受け取って陰イオンになる時に，外部に放出されるエネルギーを電子親和力（electron affinity, E_A）という（図 3-19）。E_A が大きいほど，その元素は陰イオンになりやすい傾向がある。表 3-4 に各元素の E_A の値をまとめた。ハロゲンの最外殻の電子配置は ns^2np^5 であり，1 個の電子を受け取ると安定な ns^2np^6 の閉殻構造になる。そのため，同一周期内の元素では，ハロゲンの E_A が最大となる。アルカリ土類金属元素と希ガスの E_A は負であり，これらが陰イオンになるにはエネルギーを必要とする。アルカリ土類金属元素は，最外殻の ns 軌道がすべて電子で満たされ安定化しているためである。

3-10-2　電気陰性度

化学結合を形成した際に，原子が電子を引きつける能力を相対的に数値化したものを電気陰性度（χ）という。ポーリングは，原子 A と原子 B の電気陰性度の差（$|\chi_A - \chi_B|$）が A-A，B-B および A-B の結合解離エネルギーと関連し，次の式で表せると提案した。

$$|\chi_A - \chi_B| = 0.102\sqrt{\left\{D(\text{A-B}) - \frac{1}{2}[D(\text{A-A}) + D(\text{B-B})]\right\}} \tag{3-69}$$

図 3-21 に水素の電気陰性度を 2.1 とした時のポーリングの電気陰性度を示した。一般的な傾向として低周期ほど，また族番号の大きい元素ほど電気陰性度は大きく，F の電気陰性度が全元素の中で最大である。

マリケンは，ポーリングとは別の観点から電気陰性度を定義した。マリケンの電気陰性度は，原子のイオン化エネルギーと電子親和力から

$$\chi_M = \frac{I_E + E_A}{2} \tag{3-70}$$

で計算される。I_E が大きい原子は電子を放出しづらく，また E_A が大きい原子は電子を受け取りやすいことを考えると，マリケンの電気陰性度は直感的に理解しやすい。マリケンの電気陰性度（χ_M）とポーリングの電気陰性度（χ_M）には式（3-71）の関係があり，両者には相関性がある。

$$\chi_P = 0.336(\chi_M - 0.62) \tag{3-71}$$

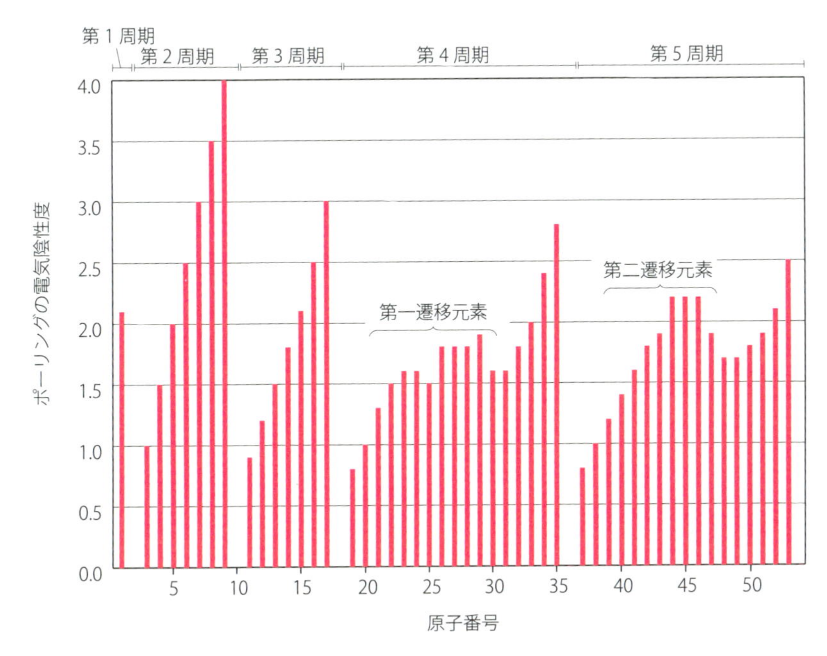

図 3-21　電気陰性度と原子番号

章末問題

1）次の値を計算せよ。

a）波長 600 nm の光の振動数〔s^{-1}〕，波数〔m^{-1}〕エネルギー〔eV および $J\ mol^{-1}$〕

b）振動数 $1.2 \times 10^{15}\ s^{-1}$ の光の波長〔nm〕とエネルギー〔eV および $J\ mol^{-1}$〕

c）振動数 $1.5 \times 10^{15}\ s^{-1}$ の光を金属タングステンに照射したときに発生する，光電子のエネルギー〔J〕。ただし、金属タングステンの仕事関数は，7.4×10^{-19} J である。

2）次の物質波の波長〔m〕を計算せよ。

a）$1.1 \times 10^{7}\ m\ s^{-1}$ で運動する電子

b）$100\ m\ s^{-1}$ で運動する質量 10 g の物体

3）水素原子の電子が $n = 3$ から $n = x$ に遷移する際に波長 656 nm の光が発生する。x を求めよ。

4）ボーアの 3 つの仮説について説明せよ。

5）基底状態にある水素原子から電子を取り除くのに必要なエネルギー〔J〕を求めよ。また，Li^{2+} についても求めよ。

6）弦が作る波長 λ の正弦波　$\psi(x) = A \cos(2\pi/\lambda)x$ が，一次元の波動方程式を満足することを示せ。

7）長さ 10 nm の一次元の箱の中を運動する電子について，電子が基底状態（$n = 1$）にあるとき，箱の中心から左右 1 nm の範囲に電子が見いだされる確率を求めよ。

8）水素原子のシュレーディンガー方程式を解く過程で現れた 3 つの量子数の名称とそれらは軌道の何を決めるのか述べよ。

9）主量子数 $n = 3$ の原子軌道の階層構造を描け。

10）ボーアの原子模型で使われるオービット（orbit）と波動関数が表すオービタル（orbital）の違いを説明せよ。

11）1s 軌道の動径分布関数が $r = a_0$ で極値をとることを示せ。

12）Ne, Ti, O^{2-}, Cl^{-}, K^{+} の電子配置を記せ。

13）典型元素と遷移元素の違いをそれぞれの電子配置に基づいて説明せよ。

14）次の事柄を簡潔に説明せよ。

a）不確定性原理　　b）ド・ブロイの物質波
c）パウリの排他原理　　d）フントの規則
e）波動関数　　f）確率密度
g）光電効果　　h）動径分布関数

15）次の語句を簡潔に説明せよ。

a）電子親和力　　b）電気陰性度

第４章　化学結合の形成

分子は複数の原子が結合することで成り立っている。この章では，原子を結びつけて分子を形づくるはたらきを持つ化学結合，特にその中で共有結合に主な焦点を当てる。まず，結合論の基礎をなす原子価の考え方を学んだのち，第３章で学んだ量子論に基づいて，二原子分子の化学結合を取り扱う。さらに，原子価論と量子論を組み合わせ，多原子分子の結合と立体構造を説明する。最後に，分子間にはたらく引力としてファンデルワールス力と水素結合を取り上げる。

4-1　共有結合の原子価論

4-1-1　イオン結合と共有結合

われわれの身のまわりの物質の多くは，原子が様々なかたちで結びつくことによりできている。例えば，分子は，有限個の原子が結びついてできている。また，原子が無数結びついて固体を形づくる場合がある。電気的に中性な原子や分子だけでなく，電荷を持ったイオン（原子イオン，分子イオン）を構成単位としてできた固体も多数存在する。このように原子やイオンを結びつけている結合を**化学結合**という。

化学結合には，原子が最外殻に持つ電子が重要な役割を果たす。第３章で学んだように，周期表の第18族に属する希ガス原子は，最外殻が電子で満たされた閉殻構造となっている。そのため希ガスは他の元素に比べて安定であり，常温常圧で，単独の原子として気体状態で存在する。それに対して希ガス以外の典型元素の原子では，最外殻が閉殻となっていない。このような原子は，他の原子との化学結合を通じて希ガスと同じ電子配置をとろうとする。例えば，周期表第１族のナトリウム原子と第17族の塩素原子の組み合わせを考えてみよう。第３章で学んだように，ナトリウムは第一イオン化エネルギーが低いため，最外殻（3s軌道）にある１個の電子を放出して，１価の陽イオンになりやすい。

$$\underset{1s^2\,2s^2\,2p^6\,3s^1}{\mathrm{Na}} \longrightarrow \underset{1s^2\,2s^2\,2p^6}{\mathrm{Na^+}} + \mathrm{e^-}$$

こうしてできたNa^+の電子配置は，希ガスであるネオンと同じである。一方，塩素原子は電子親和力が高いので，電子を１個受け取って，容易に１価の陰イオンになる。

$$\underset{1s^2\,2s^2\,2p^6\,3s^2\,3p^5}{\mathrm{Cl}} + \mathrm{e^-} \longrightarrow \underset{1s^2\,2s^2\,2p^6\,3s^2\,3p^6}{\mathrm{Cl^-}}$$

Cl^-の電子配置は，希ガスであるアルゴンと同じであることがわかる。Na^+とCl^-の間には，電気的な引力（クーロン引力）が生じ，両者をつなぎ合わせる化学結合としてはたらく。このように，最外殻電子のやり取りによって生成した陽イオンと陰イオンの間のクーロン引力による結合を**イオン結合**という。

一方，最も単純な二原子分子である水素分子では，化学結合に果たす最外殻電子の役割がイオン結合と大きく異なる。水素原子が希ガスであるヘリウムと同じ電子配置となるためには，電子が1個足りない。そこで，2個の水素原子がそれぞれ持っている電子を1個ずつ出し合い，これを両者で共有する。これにより2個の水素原子はともにヘリウムと同じ電子配置をとることができる。このような化学結合を**共有結合**という。

4-1-2 ルイス構造式とオクテット則

4.1.1節で述べたように，イオン結合，共有結合の生成には最外殻電子が重要な役割を果たす。希ガスを除く典型元素の原子が持つ最外殻電子を，原子価電子，または**価電子**という。また，最外殻は原子価殻と呼ばれる。共有結合における価電子の役割を見る上で，最外殻電子を点で表した**ルイス構造式**（点電子構造式）が役に立つ。図4-1に水素原子からナトリウム原子までのルイス構造式を示す。

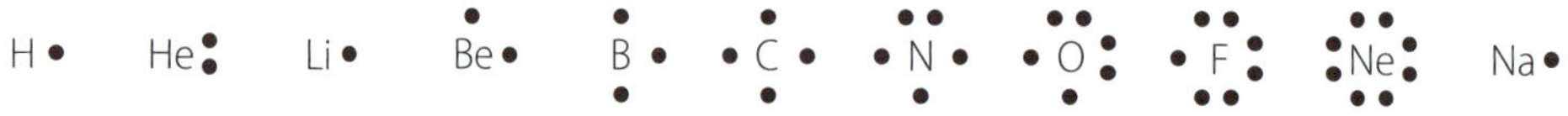

H•　He:　Li•　Be•　B　C　N　O　F　Ne　Na•

図4-1　原子のルイス構造式

ルイス構造式では，真ん中に元素記号を書き，そのまわりに最外殻電子を点で描いていく。最外殻電子が1～4個の原子では，図4-1の水素から炭素の例のように，元素記号の上右下左に，電子を表す点を1個ずつ配置していく（ただしヘリウムは除く）。最外殻電子が5個以上の原子では，図の窒素からネオンの例のように，2個で1組となるように描いていく。このとき，2個1組で描いた点がその原子が持つ**電子対**，1個だけ描いた点が**不対電子**を表す。例えば，窒素原子の基底状態での電子配置は$[He]2s^22p^3$であり，フントの規則より，3個の2p軌道に電子が1個ずつ入っているので，最外殻である$n=2$の電子殻には電子対が1組と不対電子が3個ある。これに対応して，図4-1の窒素のルイス構造式では，1組の電子対と3個の不対電子が描かれている。ヘリウム原子で，例外的に2個の電子を1組として描いているのも，ヘリウムの2個の電子が1s軌道に入って対を成している（閉殻となっている）ことを表すためである。一方，ベリリウムから炭素までの３つの原子では，基底状態の電子配置と図 4-1 のルイス構造式が示している電子配置に違いがあることに気づく。例えばホウ素原子の基底状態での電子配置は $[He]2s^2 2p^1$ であり，電子対１組と不対電子が１個あるはずであるが，図 4-1 のルイス構造式では，不対電子が３個あるように表されている。この違いについては，4.3.2 節で改めて述べる。

ルイス構造式からわかるように，希ガスの最外殻の電子数は，ヘリウムで２個，それ以外で８個となる。そのため，典型元素の多くの原子は，最外殻に８個の電子を持つように化学結合をつくろうとする。このことを**オクテット則**という。水素はヘリウムと同じ電子配置をとろうとするので，化学結合を通じて２個の電子を持つ傾向にある。そのため，水素の場合は**デュエット則**と呼ばれる。

２個の水素原子が近づくと，両者の間に共有結合が形成され水素分子ができる。水素原子と水素分子のルイス構造式は，それぞれ次のように書き表される。

孤立した2個の水素原子		水素分子
H ●	○ H	H ●○ H

図 4-2　水素原子と水素分子のルイス構造式
それぞれの水素原子がもともと持っていた電子を区別するために，一方の電子を黒丸（●），他方を白丸（○）で表している。

この図のように，それぞれの水素原子が持っていた不対電子は，共有結合を通じて１組の電子対となって，２個の原子に共有される。この電子対を**結合電子対**，もしくは**共有電子対**という。この電子対を共有することで，それぞれの水素原子は２個の電子を最外殻に持ち，デュエット則を満たす。

フッ化水素 HF についても考えてみよう。水素原子，フッ素原子，フッ化水素分子のルイス構造式は，図 4-3 のように描かれる。

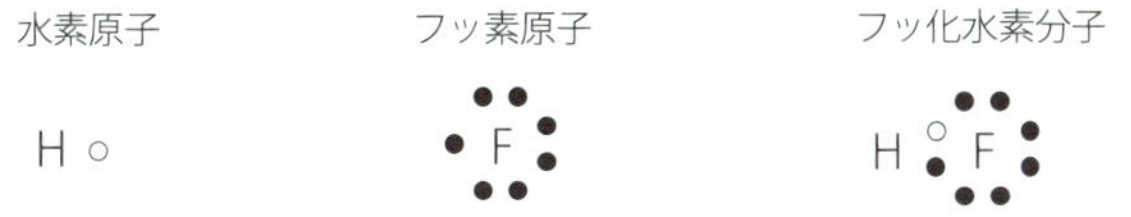

水素原子	フッ素原子	フッ化水素分子
H ○	F（電子７個：●）	H ○● F（電子対４組）

図 4-3　水素原子，フッ素原子，フッ化水素分子のルイス構造式
水素原子とフッ素原子が持っていた電子を，それぞれ○と●で区別している。

水素原子とフッ素原子それぞれの不対電子から１組の結合電子対ができる。一方，フッ素原子はもともと３組の電子対を持っているが，これらは共有結合には関わってこない。共有結合に関与しないこれらの電子対を**非共有電子対**，もしくは**孤立電子対**という。水素分子の場合と同じように，水素原子は共有電子対を持つことでデュエット則を満

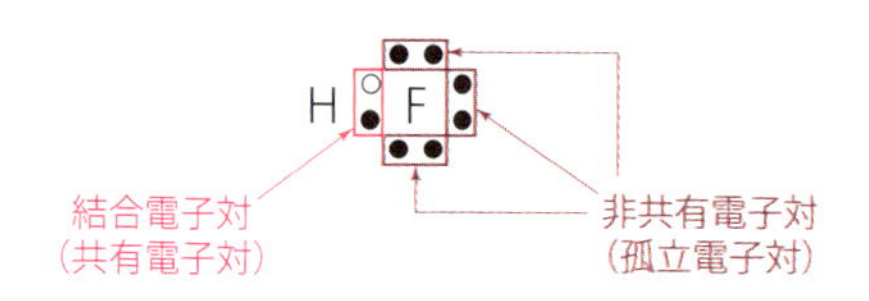

図 4-4　結合電子対と非共有電子対

たす。一方，フッ素原子は，すでに持っていた 3 組の非共有電子対に加え，水素原子とともにつくった 1 組の共有電子対を合わせて，合計 4 組の電子対（8 個の電子）を原子価殻に持ち，オクテット則を満たす。

共有結合でつくられた分子のルイス構造式は，それぞれの原子が持つ不対電子の数をもとにして描くことができる。図 4-5 にいくつかの例を示す。

H O H　　O C O　　N N

水　　二酸化炭素　　窒素分子

図 4-5　分子のルイス構造式の例

それぞれの電子がもともと属していた原子の違いを明らかにするために，電子を●と○で区別している[1]。

1）例えば，水分子では両端の水素原子がもともと持っていた電子が○，酸素原子がもともと持っていた電子が●になっている。

各原子がオクテット則を満たすために，2 個の原子の間で複数の電子対が共有され，多重結合が形成される場合がある。例に示した二酸化炭素では，中央の炭素原子が両端の酸素原子それぞれと二重結合をつくることによってオクテット則を満たす。窒素分子の例では，窒素原子が 3 個の不対電子を持つため，もう 1 個の窒素原子と三重結合をつくることによって，両方の窒素原子でオクテット則が満たされる。ルイス構造式では，図 4-6 のように，結合電子対を線で描くことが多い。このように描くと，単結合，二重結合，三重結合の識別が容易となる。

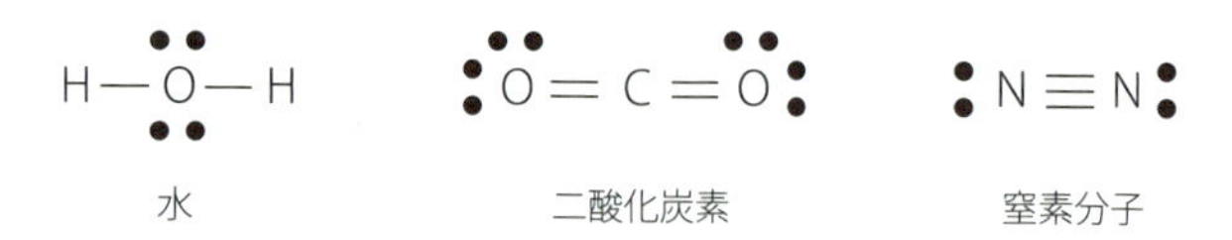

図 4-6　結合電子対を線で表したルイス構造式の例

水素分子，フッ化水素分子の例から明らかなように，共有結合では最外殻電子のうち，不対電子が特に重要な役割を果たす。一般に不対電子の数は，その原子が他の原子とつくることができる結合の数に相当し，これを**原子価**という。

4-1-3 形式電荷

一酸化炭素COのルイス構造式を描いてみよう。炭素原子と酸素原子はそれぞれ4個と6個の価電子を持つため，COのルイス構造式で描くべき電子の数は合計10個である。この電子の数に注意しながら，炭素原子，酸素原子がどちらもオクテット則を満たすルイス構造式を描くと，図4-7のようになる。

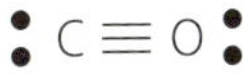

:C≡O:

図4-7　一酸化炭素COのルイス構造式

この構造式は，炭素の原子価が4，酸素の原子価が2であることと一見矛盾しているように見える。しかし，炭素原子と酸素原子の代わりに1価の炭素陰イオンC^-と1価の酸素陽イオンO^+の間の結合と考えると，それぞれの原子価と矛盾しない。C^-は炭素原子よりも価電子が1個増えて5個になるので，窒素原子と同じ電子配置となり，原子価は3となる。同様にO^+は酸素原子よりも価電子が1個減って5個になるので，やはり窒素と同じ電子配置となり，原子価は3となる。したがって，C^-とO^+の間は，窒素分子と同じように三重結合で結ばれることでオクテット則が満たされる（図4-8）。

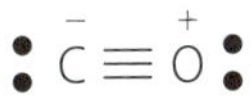

$:\overset{-}{C}\equiv\overset{+}{O}:$

図4-8　形式電荷を入れたCOのルイス構造式

実際に一酸化炭素分子中の炭素は負に，酸素は正に帯電してイオンになっているわけではない。それゆえ，これらの電荷は**形式電荷**と呼ばれる。このように形式電荷を導入することによって，中性原子の原子価とは一致しない分子の結合についても，オクテット則に基づいたルイス構造式を描くことができる。

ルイス構造式で各原子がもつ形式電荷は以下のようにして求めることができる。

形式電荷＝［遊離した原子が持つ価電子の数］－（［分子内でその原子が持つ結合電子対の数］＋2×［分子内でその原子が持つ非共有電子対の数］）

一酸化炭素分子の例に当てはめてみると，炭素原子に対しては，［遊離した原子が持つ価電子の数］＝4，［分子内でその原子が持つ結合電子対の数］＝3,［分子内でその原子が持つ非共有電子対の数］＝1より，形式電荷＝4－(3＋2×1)＝－1となる。同様に，酸素原子に対しては，［遊離した原子が持つ価電子数］＝6，［分子内でその原子が持つ結合電子対の数］＝3，［分子内でその原子が持つ非共有電子対の数］

＝1より，形式電荷＝6－(3＋2×1)＝＋1となる。この結果は図4-8に示したものと一致する。

4-1-4　オクテット則を満たさない分子

多くの分子でオクテット則を満たしたルイス構造式を描くことができるが，例外もある。例えば水素化ベリリウム BeH_2 では，ルイス構造式は図4-9のように描けるが，中央のベリリウム原子が原子価殻にもつ電子数は4で，オクテット則を満たさない。

H－Be－H

図4-9　水素化ベリリウム BeH_2 のルイス構造式

逆に，結合の結果，原子価殻に持つ電子数が8を超えてしまう分子もある。五フッ化リン PF_5 では，中央のリン原子と5個のフッ素原子の間を単結合で結んだ図4-10のようなルイス構造式が描ける。5個のフッ素原子はオクテット則を満たすが，中央のリン原子は原子価殻に5×2＝10個の電子を持ち，オクテット則を超える。また，六フッ化硫黄 SF_6 も，図4-10に示したルイス構造式からもわかるように，中央の硫黄原子が原子価殻に6×2＝12個の電子を持ち，オクテット則を超える。このような化合物を**超原子価化合物**という。

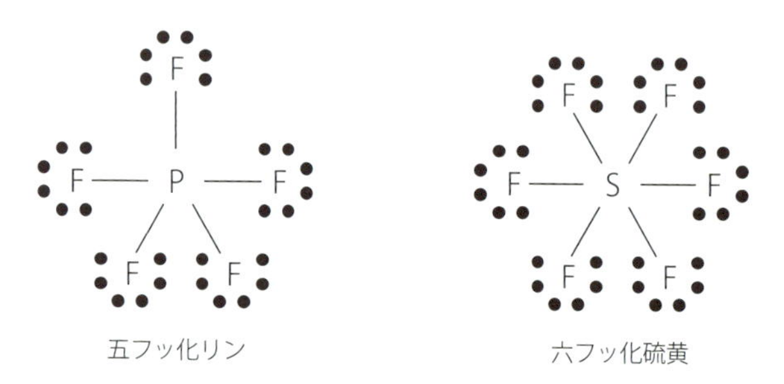

図4-10　超原子価化合物のルイス構造式の例

4-2　二原子分子の結合 －分子軌道法－

4.1節では原子価の考え方に基づいて化学結合を論じた。共有結合が電子対を共有することによって形成されているという考え方は，多くの分子の化学結合を簡便に説明できることから今でも広く利用されている。しかし第3章で学んだように，原子の電子状態が量子論に基づいて記述されるのならば，分子と，それを形づくるための化学結合も量子論で扱われる対象となるはずである。量子論では，原子と同様に，分子に対してシュレーディンガー方程式が立てられる。分子のシュレーディンガー方程式を解くためのアプローチの1つとして**分子軌道**

法（**Molecular Orbital 法，MO 法**）がある。この方法では，分子全体に広がった波動関数を考え，それをもとにシュレーディンガー方程式を解く。本節では二原子分子を対象として，分子軌道法に基づいてシュレーディンガー方程式を解いた結果をもとに，化学結合への電子の役割を見てみよう。

4-2-1　水素分子イオンと水素分子

分子のシュレーディンガー方程式の出発点として，水素分子イオン H_2^+ を対象としてみよう。H_2^+ は，2 個の水素原子核（陽子）と 1 個の電子の合計 3 個の粒子からなる最も簡単な分子であるが，そのシュレーディンガー方程式は，3 × 3 ＝ 9 個の変数を含んだ複雑な式となる。そこでまず，電子の運動に比べて原子核の運動が非常に遅いことから，2 個の原子核は静止しているとみなし，電子の運動のみを取り扱う。これをボルン－オッペンハイマーの近似という。この近似によって，シュレーディンガー方程式は 1 個の電子の位置を示す x，y，z の 3 つの変数のみを含んだ式に簡略化することができる。電子の波動関数を $\Psi(x, y, z)$ とすると，H_2^+ のシュレーディンガー方程式は次のように書くことができる。

$$\left\{-\frac{h^2}{8\pi^2 m}\left(\frac{\partial^2}{\partial x^2}+\frac{\partial^2}{\partial y^2}+\frac{\partial^2}{\partial z^2}\right)-\frac{e^2}{4\pi\varepsilon_0}\left(\frac{1}{r_A}+\frac{1}{r_B}-\frac{1}{R_{AB}}\right)\right\}\Psi(x,y,z) = E\Psi(x,y,z) \qquad (4\text{-}1)$$

ここで，r_A，r_B，R_{AB} はそれぞれ，電子と原子核 A，電子と原子核 B，原子核 A と B の間の距離である（図 4-11 参照）。また，E は波動関数 Ψ に対応した電子のエネルギーを表す。

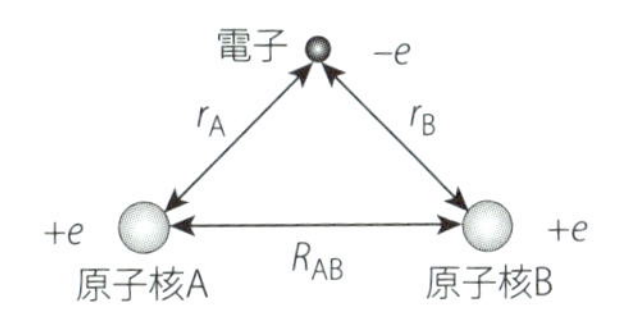

図 4-11　H_2^+ の r_A，r_B，R_{AB}

水素原子のシュレーディンガー方程式（式 3-62）と比べると，位置エネルギー（ポテンシャルエネルギー）の項が増えていることがわかる。これは，H_2^+ では，電子と原子核 A の引力，電子と原子核 B の引力，原子核 A と原子核 B の反発力がはたらいていることによる。波動関数 Ψ は分子の中での電子の状態を表しており，原子の場合と同様に，その二乗が電子の存在確率についての情報を与える。原子において，電子の波動関数を原子軌道と呼んだことと対応して，分子における波動関数 Ψ を**分子軌道**（molecular orbital）という。

分子軌道法では，分子を構成している原子の原子軌道を用いて分子軌道Ψを表す近似法が一般的に用いられる。H_2^+ のように 2 個の原子核が同種である二原子分子（これを**等核二原子分子**という）では，原子 A の原子軌道 ψ_A と原子 B の原子軌道 ψ_B の和および差から，次の 2 つの分子軌道が得られる。

$$\Psi_1 = c_1(\psi_A + \psi_B) \tag{4-2}$$

$$\Psi_2 = c_2(\psi_A - \psi_B) \tag{4-3}$$

ただし，c_1 および c_2 は定数で，第 3 章で説明されているように，波動関数の規格化条件から求められる定数である。H_2^+ では，式（4-2），（4-3）の ψ_A，ψ_B は H_2^+ を構成している水素原子の軌道となる。つまり H_2^+ の基底状態を考える場合は，それぞれ水素原子の 1s 軌道を用いればよい（表 3-2 参照）。

$$\psi_A = \frac{1}{\sqrt{\pi}}\left(\frac{1}{a_0}\right)^{3/2} e^{-r_A/a_0} \qquad \psi_B = \frac{1}{\sqrt{\pi}}\left(\frac{1}{a_0}\right)^{3/2} e^{-r_B/a_0} \tag{4-4}$$

このようにして得られる分子軌道 Ψ_1，Ψ_2 がどのような関数なのか，具体的に見てみよう。水素原子の 1s 軌道は，式（4-4）からわかるように各原子核からの距離 r_A，r_B のみの関数である。これらの関数の値を H_2^+ の結合軸上で示すと図 4-12 のようになる。

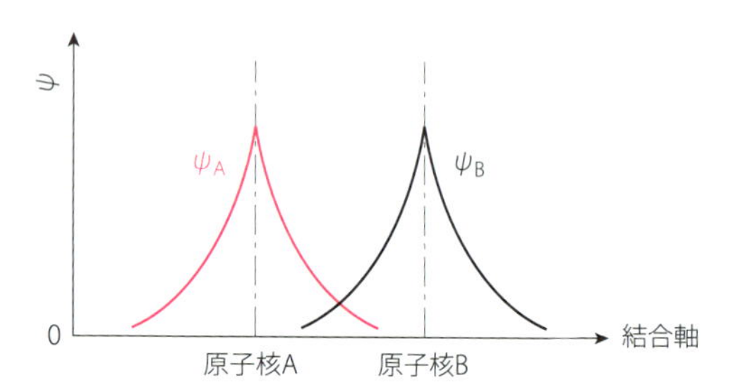

図 4-12　結合軸上での 2 つの 1s 軌道 ψ_A，ψ_B

このように，ψ_A の値は原子核 A，ψ_B の値は原子核 B を中心として，指数関数的に減少する。式（4-2）で示されるように，これら 2 つの原子軌道の和をとり，定数 c_1 をかけたものが分子軌道 Ψ_1 である。図 4-13（a）に，結合軸上での Ψ_1 の値を示す。

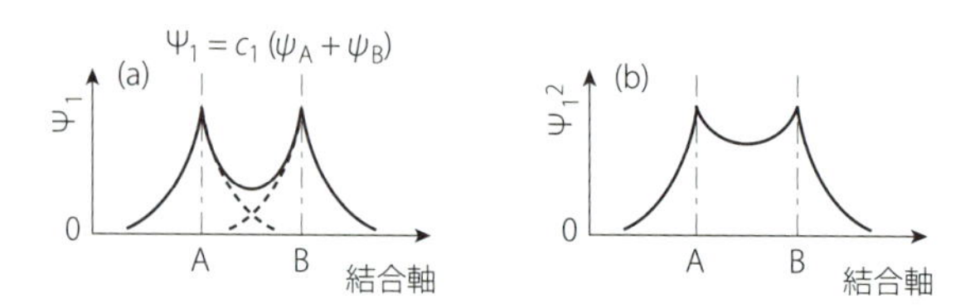

図 4-13　結合軸上での（a）Ψ_1 および（b）Ψ_1^2

もとの原子軌道を c_1 倍したものを破線で示し，和である Ψ_1 を実線で示している。図から明らかなように，Ψ_1 は，2 個の原子核の間の領域で大きい値をとる。一方で，それぞれの原子核の外側では，もとの原子軌道とほぼ等しい値となっている。前述のように，波動関数の二乗は電子の存在確率となる。分子軌道 Ψ_1 の二乗は，図 4-13（b）に示すようになり，電子の存在確率が 2 つの原子核の中間領域で比較的高いことがわかる。

一方，式（4-3）で表される分子軌道 Ψ_2 の値を，結合軸に沿って示したのが図 4-14（a）である。

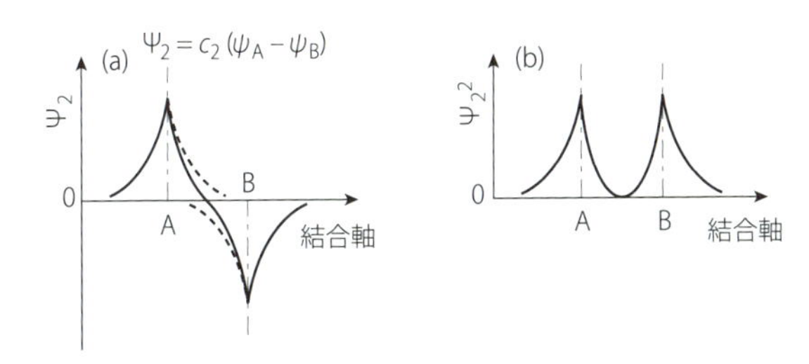

図 4-14　結合軸上での（a）Ψ_2 および（b）Ψ_2^2

Ψ_1 とは対照的に，2 つの原子核の間で値が小さくなる。特に，2 つの原子核の中点では，Ψ_2 がゼロとなる。図 4-14（b）には，Ψ_2 の二乗を示す。Ψ_2 は，原子核 B の周辺で負の値を持つが，二乗にすると正の値になり，2 つの原子核の中点に対して対称的な形になっている。そして，2 つの原子核の中間で，小さい値となっている。このことは，Ψ_2 で表される状態では，2 つの原子核の中間領域で電子の存在確率が低くなることを意味している。

以上のような分子軌道 Ψ_1，Ψ_2 の特徴は，結合軸上以外でも見られる。図 4-15 は，2 つの 1s 原子軌道から 2 つの分子軌道 Ψ_1，Ψ_2 ができる様子を模式的に示したものである。この図では，関数の値が正の領域を白で，負の領域を灰色で示している。この図のように，Ψ_1 では 2 つの水素原子の 1s 原子軌道が同符号で重なることにより，2 つの原子核の中間領域で関数の値，すなわち波動の振幅が大きくなる。逆に Ψ_2 では，2 つの水素原子の 1s 原子軌道が異なる符号で重なるので，2 つの原子核の中間領域で関数の値（波動の振幅）が小さくなる。

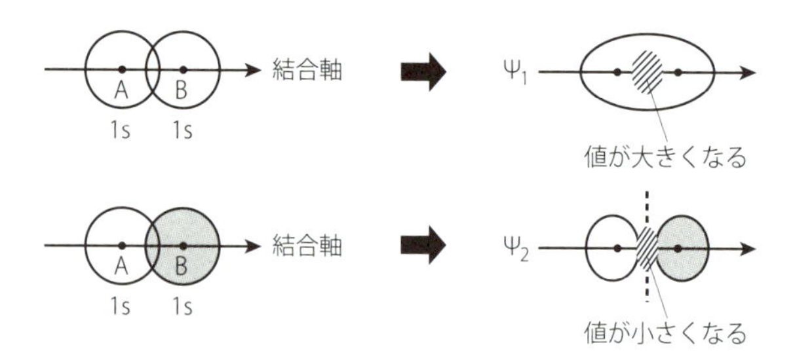

図 4-15　2 つの 1s 軌道からつくられる分子軌道

波動関数が得られると，原子の場合と同じように，それぞれに対応したエネルギーが得られる。まず，上で見た Ψ_1，Ψ_2 の空間的な特徴をもとに，それぞれの波動関数のエネルギーについて定性的に考えてみよう。波動関数 Ψ_1 は，図 4-13，図 4-15 のような特徴を持つため，電子の存在確率が 2 つの原子核の中間領域で高い。原子核は正の電荷を帯びているので，2 つの原子核が接近すると，その間には電気的な反発力がはたらく。しかし，これらの間に負の電荷を帯びた電子が存在することで，原子核間にはたらく電気的な反発を弱めることができる。また，2 つの原子核それぞれと電子の間に電気的な引力がはたらき，2 つの原子が離れた状態よりもエネルギー的に安定化される。すなわち波動関数 Ψ_1 で表される状態のエネルギーは，2 つの水素原子核が離れた状態に比べ低くなる。逆に波動関数 Ψ_2 は，図 4-14，図 4-15 に示すような特徴により，2 つの原子核の間の領域で電子の存在確率が低いため，電子が原子核の間にはたらく電気的な反発を和らげる効果は小さい。その結果，波動関数 Ψ_2 で表される状態のエネルギーは，2 つの水素原子核が離れた状態よりも高くなる。以上の考察をもとに導かれる Ψ_1，Ψ_2 のエネルギーおよび水素原子の 1s 原子軌道エネルギーの相対的な関係を図 4-16 に模式的に示す。

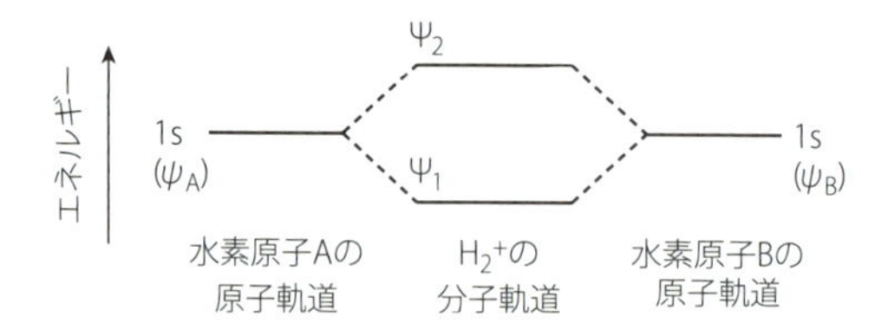

図 4-16　分子軌道 Ψ_1，Ψ_2 のエネルギー

左右に描かれているのが，2 つの水素原子 A，B の 1s 原子軌道のエネルギーで，中央に描かれているのが，これら 2 つの原子軌道からできた H_2^+ の分子軌道 Ψ_1，Ψ_2 のエネルギーである。図に示すように，Ψ_1 のエネルギーはもとの水素原子の原子軌道（ψ_A，ψ_B）より低くなる。このような軌道を**結合性分子軌道**という。逆に Ψ_2 のエネルギーはもとの水素原子の原子軌道より高くなる。このような軌道を**反結合性分**

子軌道という。

次に，波動関数Ψ_1，Ψ_2から実際に計算されるエネルギーを見てみよう。先に述べたように，波動関数Ψ_1，Ψ_2とそのエネルギーは，ボルン−オッペンハイマー近似のもと，2つの原子核の位置を固定して求められる。2つの原子核の間の距離（核間距離R_{AB}）を変えると，得られるエネルギーの値も変化する。図4-17に，Ψ_1，Ψ_2に対して得られるエネルギーE_1，E_2をR_{AB}に対して図示する。

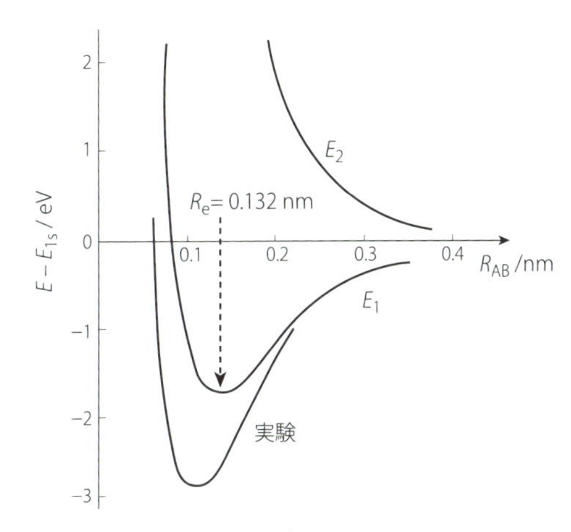

図4-17　H_2^+のエネルギー

図の縦軸は，水素原子の1s軌道のエネルギーE_{1S}を基準としている。2つの原子核が無限に離れているとき（すなわちR_{AB}＝無限大では），$E_1 = E_2 = E_{1s}$であるので，図の縦軸の値は0となる。2つの原子核を近づけていく（すなわちR_{AB}を小さくしていく）につれて，Ψ_1のエネルギーE_1はもとの1s原子軌道のエネルギーよりも低くなっていく（図の値が負になっていく）のに対して，Ψ_2のエネルギーE_2は高くなっていく（図の値が正の大きな値になっていく）。この挙動は，先に述べた定性的な考察と一致している。ただし，E_1はR_{AB}の減少とともに単調に減少するわけではなく，あるところで極小値をとり，それより核間距離の短い領域では増加に転じているのがわかる。これは，2つの原子核の間ではたらく電気的な反発が，R_{AB}の減少とともに急激に大きくなっていくからである。

H_2^+が持つ1個の電子は，基底状態でエネルギーの低い結合性分子軌道Ψ_1を占め，E_1が極小値となるR_{AB}でH_2^+は最も安定になる。このR_{AB}を**平衡核間距離**といい，R_eで表す。図4-17に示した計算結果では，$R_e = 0.132$ nmである。$R_{AB} = R_e$で図の縦軸の値（$E - E_{1s}$）は負であり，このことは，水素原子Hと水素イオンH^+とに完全に分離した状態（すなわちR_{AB}が無限大の状態）に比べH_2^+が安定であることを意味する。この$R = R_e$におけるエネルギー差$|E - E_{1s}|$をD_eで

表すと，図 4-17 で示した計算結果では，D_e = 1.77 eV（171 kJ mol^{-1}）である。D_e の値は，H_2^+ を水素原子と水素イオンとに分離するために必要なエネルギー，すなわち**結合解離エネルギー** D_0 とほぼ等しくなる。実験的には，R_e = 0.105 nm，D_0 = 2.65 eV（255.7 kJ mol^{-1}）が得られている[2)]。ここで示した近似法では，エネルギーをやや過小評価していることになる。

2）厳密にはゼロ点エネルギーと呼ばれるエネルギーが存在するため，D_0 の値は，D_e よりも若干小さくなる。

水素分子 H_2 では電子が 2 個となるので，シュレーディンガー方程式は H_2^+ と比べてさらに複雑になる。しかし，多電子原子と同じように一電子近似を行うと（3.9 節），H_2^+ とよく似た分子軌道が H_2 に対しても得られ，得られた分子軌道に電子を入れることで H_2 分子の電子配置が求められる。基底状態の電子配置は，原子の場合と同様に，エネルギーの低い軌道からパウリの排他原理にしたがって電子を入れることで得られる。H_2 の基底状態は，図 4-18 に示すように，互いに逆向きのスピンを持った 2 個の電子がエネルギーの低い Ψ_1 を占めている状態となる[3)]。

3）結合性分子軌道をΨ_1 で表しているが，H_2^+ に対して得られる波動関数と，一電子近似の下で H_2 に対して得られる波動関数は同じではない。

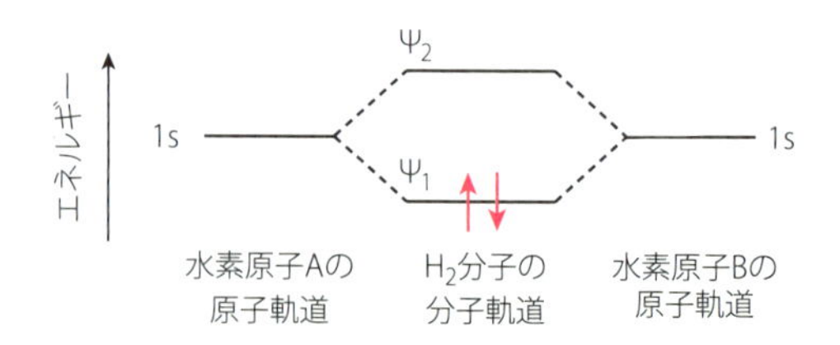

図 4-18　水素分子の基底状態の電子配置

このように，2 個の電子が結合性分子軌道Ψ_1 を占めることにより，水素分子のエネルギーは，2 つの水素原子が分離した状態に比べ低くなる。先に H_2^+ で見たように，Ψ_1 を占める電子は比較的高い確率で 2 個の原子核の中間領域に存在し，原子核を引き付けて分子をつくるはたらきをする。また，図 4-18 の電子配置に示されるように，Ψ_1 を占めている 2 個の電子は互いに逆向きのスピンを持っており，1 組の電子対を形成している。これが原子価論における結合電子対に対応する。

4-2-2　等核二原子分子の分子軌道

水素分子より複雑な等核二原子分子の分子軌道も，水素分子の場合と全く同様にしてつくることができる。まず，2 つの原子の 1s 軌道から，式（4-2）で表される結合性分子軌道と式（4-3）で表される反結合性分子軌道が 1 つずつできる。1s 軌道の空間的な形は，水素以外の原子でも同じであるので，そこからつくられる分子軌道も前節の図 4-13，4-14，4-15 に示したような特徴を持つ。同様にして 2 つの原子の 2s 軌道からも結合性，反結合性の分子軌道が 1 つずつできる。

第3章で学んだように，2s 軌道も，原子核からの距離 r のみの関数であり，球対称性を持っている。したがって 2s 軌道からできる分子軌道の空間的な形は，1s 軌道からできる分子軌道と同様の特徴を持つ。

1s 軌道と 1s 軌道，2s 軌道と 2s 軌道とからつくられるこれらの分子軌道は，いずれも結合軸のまわりで回転させても軌道の形や向きが変わらない。すなわち，結合軸に対して軸対称性を持つ。このように軸対称性を持つ分子軌道を**σ（シグマ）軌道**という。1s 軌道と 1s 軌道とからつくられる結合性分子軌道および反結合性分子軌道を，以降，σ_{1s} および σ_{1s}* でそれぞれ表す。アスタリスク（*）は軌道が反結合性であることを表すための記号である。同じように，2s 軌道と 2s 軌道とからつくられる結合性，反結合性分子軌道をそれぞれ σ_{2s}，σ_{2s}* で表す。

2 個の原子の 2p 軌道からも分子軌道がつくられるが，これまでに比べやや複雑になる。第3章で学んだように，2p 軌道は 1s，2s 軌道と異なり，原子核からの距離 r だけでなく，方向にも依存する関数で，その向いている方向によって $2p_x$，$2p_y$，$2p_z$ の 3 つの軌道がある。等核二原子分子では，2 個の原子の $2p_x$ どうし，$2p_y$ どうし，$2p_z$ どうしからそれぞれ分子軌道ができる。いま，二原子分子の結合軸方向を x 軸としよう[4]。そうすると，結合軸方向を向いた $2p_x$ 軌道どうしからできる分子軌道の空間的な形は，次の図 4-19 のようになる。

4）どの軸を結合軸に選んでも，結論は変わらない。多くの教科書が結合軸を z 軸としているが，その場合は，本書の x 軸に対して書かれたものを z 軸に置き換え，y 軸，z 軸に対して書かれたものを x 軸，y 軸に置き換えてもらえれば，同じ結論が得られる。

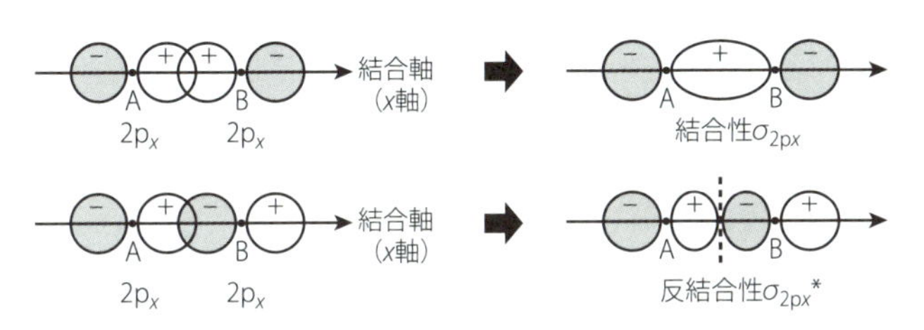

図 4-19　2 つの 2p 軌道からつくられるσ軌道

これまでと同様に，2 個の原子核の間で値が大きくなる結合性分子軌道と，逆に 2 個の原子核の間で値が小さくなる反結合性分子軌道が 1 個ずつできる。また，これらの分子軌道は，結合軸に対して軸対称性を持つσ 軌道であるので，それぞれ σ_{2px}，σ_{2px}* で表す。

一方，2 つの原子の $2p_y$ 原子軌道は，結合軸（x 軸）とは垂直の方向を向いており，これらからできる分子軌道は，図 4-19 で示した $2p_x$ 軌道からつくられる分子軌道とは違う形となる。$2p_y$ 軌道どうしからできる分子軌道の空間的な形を，図 4-20 に模式的に示す。

これまで同様，2 つの原子核の中間領域で波動関数の値が比較的大きくなる結合性分子軌道と，逆に値が小さくなる反結合性分子軌道が

1個ずつできる。ただしこれらの軌道は，結合軸に対する軸対称性をもたない。このような軌道を**π（パイ）軌道**と呼ぶ。図4-20に示したように，$2p_y$軌道からつくられる結合性分子軌道をπ_{2py}，反結合性分子軌道を$\pi_{2py}{}^*$でそれぞれ表す。

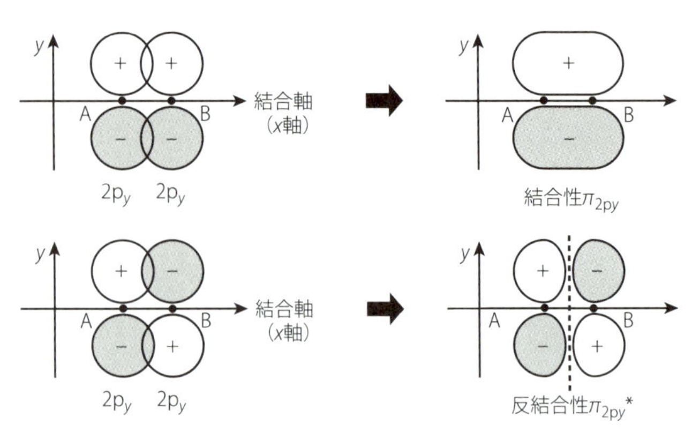

図4-20　2つの2p軌道からつくられるπ軌道

$2p_z$原子軌道も結合軸と垂直方向を向いているので，$2p_y$軌道の場合と同じようにして分子軌道がつくられる。図4-20のy軸の方向をz軸に置き換えれば，$2p_z$軌道どうしからできる分子軌道に対して，まったく同じような図を描くことができる。したがって，$2p_z$軌道からも，結合性分子軌道（π_{2pz}）と反結合性分子軌道（$\pi_{2pz}{}^*$）が1個ずつできる[5)]。

5）π_{2py}とπ_{2pz}は，形が同じで向きが90°異なる。

ここまで考えてきた分子軌道のエネルギー関係を見てみよう。前節で水素分子に対して見てきたように，結合性分子軌道σ_{1s}のエネルギーはもとの原子の1s軌道のエネルギーよりも低く，反結合性分子軌道$\sigma_{1s}{}^*$のエネルギーはもとの原子の1s軌道のエネルギーよりも高くなる。2s軌道からつくられる結合性分子軌道σ_{2s}と反結合性分子軌道$\sigma_{2s}{}^*$のエネルギー関係も同様となる。図4-21に，原子の1s軌道，2s軌道と，これらから構築される等核二原子分子の分子軌道との相対的なエネルギー関係を示す。

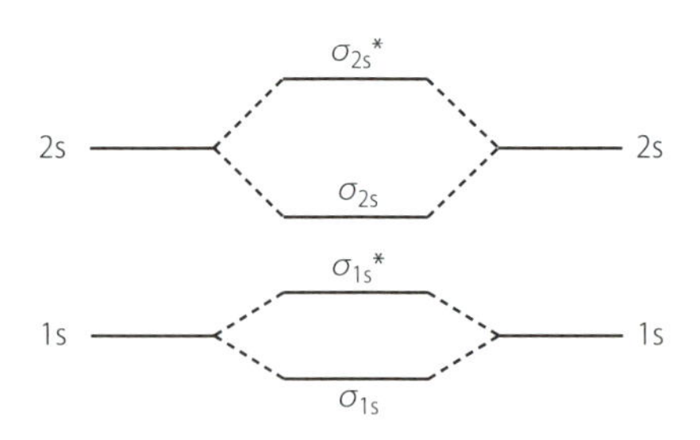

図4-21　1s，2sからつくられる分子軌道のエネルギー

次に 2 個の原子の 2p 軌道からつくられる分子軌道のエネルギー関係を見てみよう。原子軌道 $2p_x$, $2p_y$, $2p_z$ のエネルギーは同じである（三重縮重している）が，σ_{2px} 軌道と π_{2py} 軌道のエネルギーは異なる。一般に σ 軌道のほうが π 軌道よりもエネルギーの安定化の度合いが大きい。したがって，σ_{2px} は π_{2py} よりもエネルギーが低くなる（後述するように例外もある）。逆に，σ^*_{2px} は不安定化の度合いが大きくなるため，π^*_{2py} よりもエネルギーが高くなる。一方，π_{2pz} 軌道は，π_{2py} 軌道と向きが違うだけで形は同じであるので，エネルギーは同じである（二重に縮重している）。同様に，反結合性分子軌道 $\pi_{2py}{}^*$ と $\pi_{2pz}{}^*$ も二重縮重している。原子の 2p 軌道からつくられる分子軌道のエネルギー関係を図に示すと，図 4-22 のようになる。

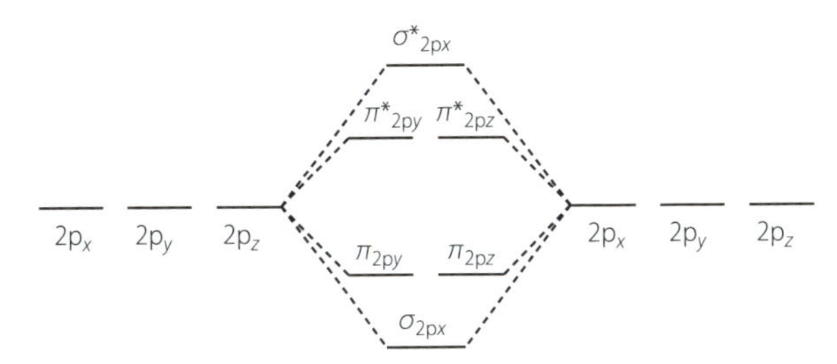

図 4-22　$2p_x$，$2p_y$，$2p_z$ からつくられる分子軌道のエネルギー

以上のようにして 1s，2s，2p 軌道からつくられる分子軌道のエネルギー関係を得ることができたので，そこに電子を入れていくことによって，それぞれの分子の基底状態での電子配置が得られる。F_2 分子は全部で 18 個の電子を持つので，パウリの排他原理にしたがってエネルギーの低い分子軌道から順に電子を入れていくと，図 4-23（a）のようになる。F_2 では，この図のように，反結合性の $\pi_{2p}{}^*$ までの軌道がすべて電子で満たされる。

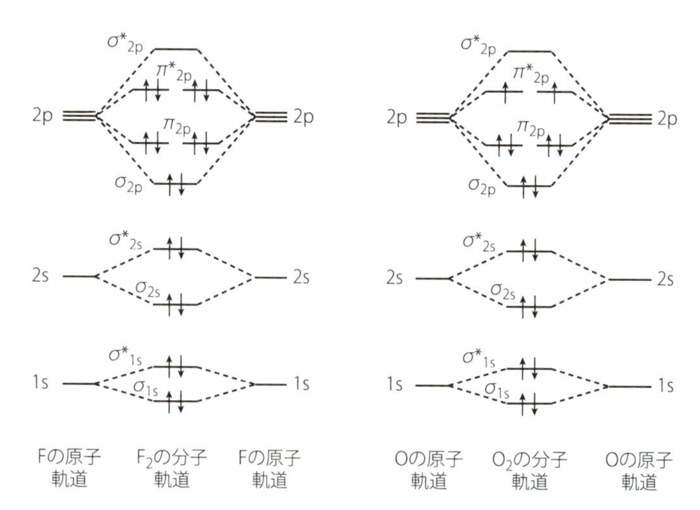

図 4-23 (a) F_2 および (b) O_2 の軌道エネルギーと基底状態での電子配置

酸素分子 O_2 の場合も，同じようにして基底状態での電子配置を得ることができる。O_2 は全部で 16 個の電子を持つ。これらの電子をエネルギーの低い分子軌道から入れていくと，σ_{1s} からπ_{2p} 軌道までが 14 個の電子で満たされる。残る 2 個の電子は，二重に縮重した反結合性の$\pi_{2p}{}^*$ 軌道に入れることになるが，その入り方は，原子の場合と同じようにフントの規則にしたがう。すなわち，縮重した分子軌道へ電子が入るときは，同じ向きのスピンを持った電子の数が最大となる入り方が最もエネルギー的に安定となる。ゆえに O_2 の場合，最後の 2 個の電子は，2 つの$\pi_{2p}{}^*$ 軌道に同じ向きのスピンで 1 個ずつ入る。図 4-23 (b) にそれを示した。原子価に基づいた結合論で O_2 は 2 個の結合電子対を持ち，不対電子は持たないはずである。しかし，O_2 が不対電子を持つことは実験的にも示されており，分子軌道に基づいた考え方はこの実験事実と整合している。

窒素分子 N_2 の電子配置も基本的にはここまで示してきたやり方で得られるが，上で示した O_2，F_2 とは異なる点がある。N_2 では，σ_{2p} 軌道と二重縮重したπ_{2p} 軌道のエネルギーが逆転する。図 4-24 に N_2 の基底状態での電子配置を示す。N_2 は全部で 14 個の電子を持つので，図 4-24 に示すように 2p 軌道からつくられる結合性分子軌道 (σ_{2p} およびπ_{2p}) がすべて電子で満たされる [6]。

6) N_2 で σ_{2p} 軌道と π_{2p} 軌道のエネルギーが逆転するのは，σ_{2p} 軌道と $\sigma_{2s}{}^*$ 軌道の間の相互作用が強いことに起因する。分子軌道のエネルギー関係を厳密に求めるためには，このような軌道間の相互作用を考慮する必要がある。現在では，コンピューターの発達により，比較的簡便な量子化学計算により，分子軌道のエネルギー関係を高い精度で求めることが可能である。

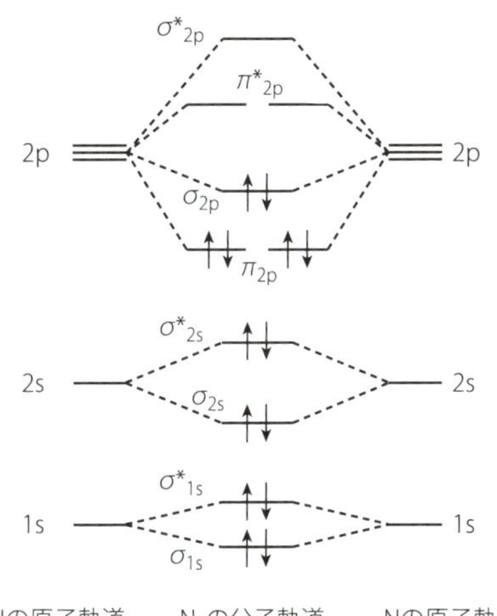

図 4-24　N_2 の軌道エネルギーと基底状態での電子配置

（1）結合次数

原子価の考え方によれば，フッ素分子，酸素分子，窒素分子は，それぞれ単結合，二重結合，三重結合によってできていると説明される。実際に，これらの等核二原子分子の結合解離エネルギーは，表 4-1 に示すように実験的に求められており，フッ素分子，酸素分子，窒素分子の順に結合が強くなっている。逆に平衡核間距離は，フッ素分子，酸素分子，窒素分子と，結合が強くなるにしたがって短くなる。二原子分子の分子軌道法では，次のようにして結合次数が定義され，2 個の原子の結合の強さを定性的に表す指標として用いることができる。

$$\text{結合次数} = \frac{\left[\begin{array}{c}\text{結合性分子軌道に}\\ \text{入っている電子数}\end{array}\right] - \left[\begin{array}{c}\text{反結合性分子軌道に}\\ \text{入っている電子数}\end{array}\right]}{2}$$

例えば窒素分子では，結合性分子軌道であるσ_{1s}, σ_{2s}, π_{2p}（二重縮重），σ_{2p} の各軌道に 2 個ずつ電子が入っているため，結合性分子軌道には合計 10 個の電子が入っている。一方，反結合性分子軌道には，σ_{1s}*，σ_{2s}* に各 2 個ずつ，計 4 個の電子が入っている。したがって結合次数＝（10 − 4）/2 ＝ 3 となり，原子価論と同じ結論を得ることができる。同様にして酸素分子，フッ素分子の結合次数はそれぞれ 2，1 と求められる。

希ガスであるネオンは，一般的に二原子分子をつくらない。このことも結合次数から説明することができる。Ne_2 という分子を仮想的に考えると，分子軌道のエネルギー準位図は酸素分子やフッ素分子と同じように描くことができる。しかし，Ne_2 は合計で 20 個の電子を持つため，σ_{2p}* までのすべての分子軌道が電子で占められ，結合性分子軌道に入っている電子数＝反結合性分子軌道に入っている電子数＝ 10，結合次数は 0 になる。したがって，Ne_2 は 0 次結合，すなわち結合はつくらない，と考えることができる。一方，Ne_2 から電子を 1 個取り除いた Ne_2^+ という分子イオンでは，結合性分子軌道に入っている電子数は 10 個なのに対して，反結合性分子軌道に入っている電子数は 9 個となり，結合次数＝（10 − 9）/2 ＝ 0.5 と求められる。このことは，Ne_2^+ が，共有結合により生成しうることを意味している。ただし，0.5 という結合次数が示しているように，この結合は単結合よりも弱い。

表 4-1　等核二原子分子及びイオンの結合解離エネルギーと平衡核間距離

	結合解離エネルギー /kJ mol^{-1}	平衡核間距離 /nm
H_2	432.1	0.07414
Li_2	102.7	0.2673
B_2	291	0.159
C_2	599.0	0.12425
N_2	941.6	0.10977
O_2	493.6	0.12075
F_2	154.8	0.14119
H_2^+	255.7	0.105
He_2^+	228	0.108
N_2^+	840.6	0.1116
O_2^+	642.8	0.1116
F_2^+	321.1	0.1322
F_2^-	127	0.188

4-2-3　異核二原子分子の分子軌道

異なる元素の原子 2 つからなる異核二原子分子の分子軌道も，等核二原子分子の場合と同様に，分子を構成している 2 つの原子の原子軌道をもとにつくられる。ただし，等核二原子分子と違い，異核二原子分子では 2 つの原子の軌道エネルギーが一般的に異なるため，比較的エネルギーの近い原子軌道の間で相互作用が起こり，分子軌道がつくられると考える。最も簡単な近似として，分子を構成している原子のそれぞれ 1 つ（すなわち合計 2 つ）の原子軌道から分子軌道がつくられると仮定すると，等核二原子分子の場合と同様に，この 2 個の原子軌道の和，差から結合性分子軌道と反結合性分子軌道が 1 つずつつくられる。2 つの原子軌道とそこからつくられる結合性，反結合性分子軌道とのエネルギー関係を模式的に示すと，図 4-25 のようになる。

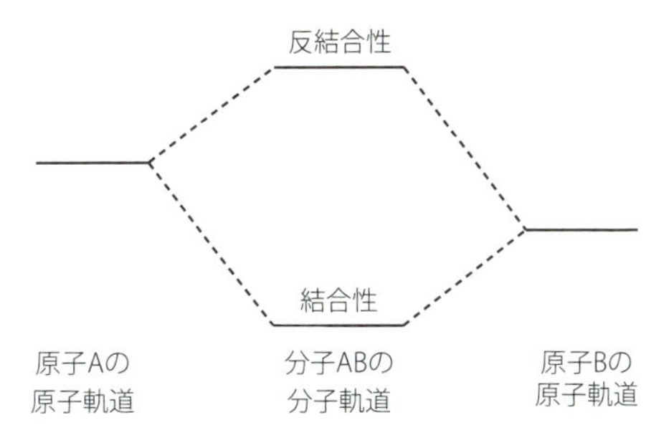

図 4-25　異核二原子分子 AB の分子軌道のエネルギー

第 3 章で学んだように，原子軌道のエネルギーは原子核の電荷が大きいほど低くなるので，分子軌道をつくる 2 個の原子軌道の組み合わせは具体的な系によって異なる。ここでは，一酸化炭素 CO とフッ化水素 HF の 2 つの例を示す。

一酸化炭素 CO を構成している炭素原子と酸素原子では原子軌道エネルギーの差が比較的小さいので，等核二原子分子と同じように，それぞれの原子の同じ軌道から分子軌道がつくられる。図 4-26 に CO の分子軌道のエネルギー準位図を示す。CO は合計 14 個の電子を持つので，パウリの排他原理にしたがって電子を分子軌道に入れることにより，図 4-26 に矢印で示したように基底状態の電子配置が得られる。この電子配置は，等核二原子分子である窒素分子とよく似ており，結合次数も窒素分子と同様に 3 である。一酸化炭素の結合解離エネルギーは 1070 kJ mol^{-1} であり，窒素分子の結合解離エネルギー 942 kJ mol^{-1} と同程度に強いことが，実験的にも確かめられている。

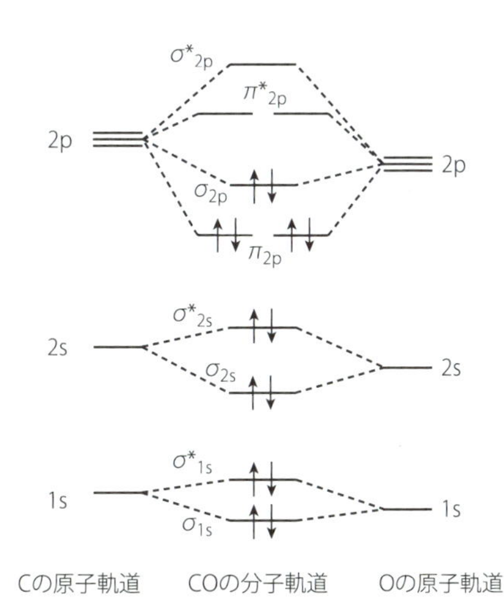

図 4-26　CO の軌道エネルギーと基底状態での電子配置

フッ化水素 HF の分子軌道のエネルギー準位図を図 4-27 に示す。まず，図の左右両端に描かれている水素原子とフッ素原子の軌道エネルギーが大きく異なることがわかる。これは第 3 章で学んだように，原子核の電荷が水素原子とフッ素原子で大きく違うことによる。図からわかるように，水素原子の 1s 軌道とエネルギー的に近いフッ素原子の軌道は，三重に縮重した 2p 軌道である。その結果，HF の分子軌道は，水素原子の 1s 軌道とフッ素原子の 2p 軌道からつくられる。

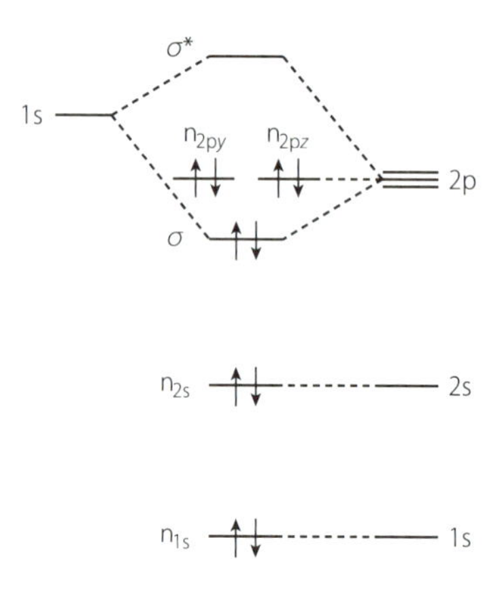

図 4-27　HF の軌道エネルギーと基底状態での電子配置
（n は非結合性分子軌道を表す）

結合軸方向を x 軸とすると，水素原子の 1s 軌道とフッ素原子の $2p_x$ 軌道とから，結合性，反結合性分子軌道が 1 つずつつくられる。このようにして分子軌道ができる様子を図 4-28 に模式的に示す。

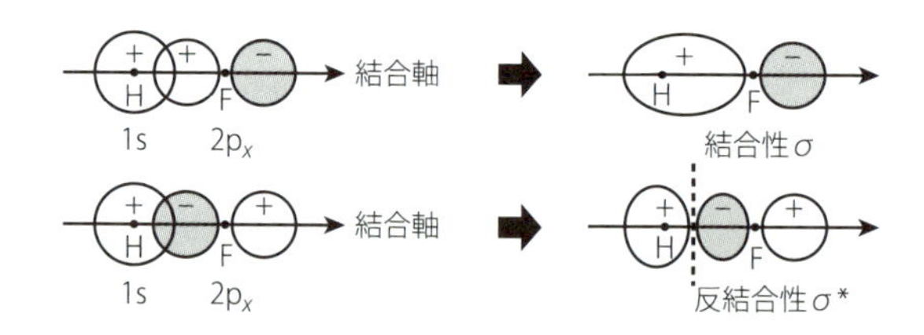

図 4-28　H の 1s 軌道と F の $2p_x$ 軌道からつくられる分子軌道

等核二原子分子の場合と同じように，結合性分子軌道では 2 つの原子核の中間領域で関数の値が大きくなり，反結合性分子軌道では 2 つの原子核の中間領域で関数の値が小さくなる。また，これらの分子軌道は，結合軸（x 軸）に対して軸対称性を持つので，σ 軌道である（ただし，分子軌道をつくるもととなっている原子軌道は水素原子とフッ素原子とで異なるので，1s，2s などの添え字はつけていない）。

一方，結合軸と垂直方向を向いた 2p 軌道（この例では $2p_y$ と $2p_z$ 軌道）は，水素原子の 1s 軌道とは相互作用しない [7]。これらの軌道は，ほぼそのままの形で HF 分子の分子軌道をなしている。軌道のエネル

7） 1s 軌道と $2p_y$，$2p_z$ 軌道の対称性が異なることによる。

ギーも，元の原子軌道のエネルギーと変わらない。このような分子軌道を**非結合性分子軌道**という。水素原子の 1s 軌道とエネルギーが大きく異なっているフッ素原子の 1s 軌道，2s 軌道も，HF 分子の非結合性分子軌道となっている。図 4-27 では，非結合性分子軌道を n_{1s}, n_{2s}, n_{2py}, n_{2pz} で書き示している。n_{2py} と n_{2pz} はエネルギーが等しい（二重に縮重している）[8]。

HF 分子は合計で 10 個の電子を持つので，基底状態での電子配置は，図 4-27 に↑，↓で表したようになる。等核二原子分子の場合と同じように結合次数を計算すると，結合性分子軌道に入っている電子の数＝ 2，反結合性分子軌道に入っている電子の数＝ 0 から結合次数＝(2 － 0)/2 ＝ 1 となり，ルイス構造式から導かれる単結合という結論と一致する。なお，非結合性分子軌道に入っている電子は化学結合に関与しないと考えることができるので，その数は結合次数を計算する際，考慮に入れない。非結合性分子軌道を占めている電子対は，ルイス構造式でフッ素原子のまわりに配置された非共有電子対に対応していると考えることができる[9]。

8）これら非結合性分子軌道の軸対称性に着目すると，n_{1s}，n_{2s} は軸対称性を持つので σ 軌道に分類される。一方，n_{2py} と n_{2pz} は軸対称性を持たないため π 軌道に分類される。

9）図 4-27 に示すように，電子対で満たされた非結合性分子軌道のうち，最外殻（主量子数 $n = 2$）のものは，n_{2s}，n_{2py}，n_{2pz} の 3 つである。これがルイス構造式でフッ素原子のまわりに現れる 3 組の非共有電子対に相当する。

（1）分子の極性

上で説明したように，フッ化水素分子の結合性，反結合性分子軌道は，水素原子の 1s 原子軌道とフッ素原子の $2p_x$ 原子軌道（ただし，結合軸を x 軸方向にとる）からつくられる。この分子軌道の波動関数を Ψ_{HF} とすると，水素原子の 1s 軌道の波動関数 ψ_{H1s} とフッ素原子の $2p_x$ 軌道の波動関数 ψ_{F2px} から

$$\Psi_{HF} = c_H \psi_{H1s} + c_F \psi_{F2px} \qquad (4\text{-}5)$$

と表される。ただし，c_H および c_F はそれぞれの原子軌道にかかる係数である。等核二原子分子と異なり，これらの係数の間に $c_H = \pm c_F$ は成り立たない（すなわち $|c_H| \neq |c_F|$）。波動関数の二乗は電子の存在確率についての情報を与えるので，この式の係数 c_H と c_F の二乗は，水素原子とフッ素原子それぞれのまわりに電子がどのくらいの確率で存在するかを示す。HF 分子の結合性分子軌道では，$|c_H| < |c_F|$ の関係にあり，このことは，水素原子よりもフッ素原子のまわりで，電子がより高い確率で存在することを表している。HF 分子全体としては電気的に中性であるので，平均して水素原子は弱い正電荷を帯び，フッ素原子は弱い負電荷を帯びることになる。このような分子を**極性分子**という。

分子の極性の大きさは，**（電気）双極子モーメント**という量で表される。図 4-29 に示すように，正の電荷 $+q$ が水素原子に，負の電荷 $-q$ がフッ素原子に偏っており，原子間距離を r とすると，HF が持つ双極子モーメントは，分離した電荷の大きさ q と r の積（qr）の大き

さを持ち，負電荷から正電荷の方向を向いたベクトル量 $\boldsymbol{\mu}$ として定義される。

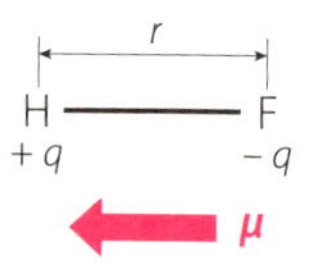

図 4-29　HF 分子の双極子モーメント

q および r は分子によって固有の大きさであるので，双極子モーメントも分子固有の量である。分子が本来持っている双極子モーメントを永久双極子モーメントともいう。電荷の大きさを C（クーロン），長さを m（メートル）の単位で表すと，双極子モーメントの大きさは Cm の単位で表されるが，これとは別に D（デバイ）という単位も広く用いられる。D と C m には $1\ \mathrm{D} = 3.336 \times 10^{-30}\ \mathrm{C\ m}$ の関係がある。HF の永久双極子モーメントの大きさは，1.83 D（6.10×10^{-30} C m）と実験的に求められている。

HF のように極性を持った異核二原子分子の結合には，共有結合とイオン結合の両方が部分的に寄与していると考えることができる。HF の永久双極子モーメントと平衡核間距離 $r_e = 0.0917$ nm から，電荷 $q = 6.66 \times 10^{-20}$ C と計算される。もし，イオン結合の寄与が 100%であるならば，H^+ と F^- に分離した電荷の大きさは，電気素量 $e = 1.60 \times 10^{-19}$ C に等しくなるはずである。ここから，HF ではイオン結合の寄与を約 42% と見積もることができる[10)]。

10）　$6.66 \times 10^{-20} / (1.60 \times 10^{-19}) = 0.42$

異核二原子分子での電荷の偏りは電気陰性度によって決まる。図 3-21 に示すように，フッ素の電気陰性度は水素よりも高い。このことが，フッ化水素分子で，正電荷が水素に，負電荷がフッ素に偏ることにつながる。電気陰性度は，絶対値の大きさよりも，その大小関係が重要である。電気陰性度の大きい原子の方に電子の存在確率は偏り，弱い負電荷を帯びる。これに対して，電気陰性度の小さい原子は弱い正電荷を帯びることになる。

4-3　多原子分子の結合と立体構造

4-3-1　分子軌道法と原子価結合法

4.2 節で学んだ分子軌道法は，3 個以上の原子からなる多原子分子にも応用できる。実際にコンピューターの発達により，かなり複雑な分子に至るまで，分子の立体構造や，基底状態，励起状態のエネルギー準位などの様々な情報が，分子軌道法を応用することにより高い精度で得られている。

多原子分子の分子軌道のつくり方は本書の範囲を超えているので，

ここでは水素化ベリリウム BeH_2 を例にした簡単な説明にとどめる。図 4-30 に分子軌道のエネルギー準位を示す。この分子は直線形をしており[11]，ベリリウム原子の 2s 軌道と結合軸方向（これまで同様 x 軸とする）を向いた $2p_x$ 軌道，および 2 個の水素原子の 1s 軌道から，結合性分子軌道（Ψ_2，Ψ_3）と反結合性分子軌道（Ψ_6，Ψ_7）がつくられる。ベリリウム原子の 1s 軌道は水素原子の 1s 軌道とエネルギーが大きく異なるため，非結合性分子軌道 Ψ_1 となる。また，ベリリウム原子の $2p_y$ 軌道，$2p_z$ 軌道は結合軸と垂直方向を向いており，水素原子の 1s 軌道と対称性が異なるために相互作用せず，非結合性分子軌道となる（Ψ_4，Ψ_5）。BeH_2 は合計 6 個の電子を持つので，パウリの排他原理にしたがって電子を分子軌道に入れていくと，基底状態では図 4-30 に示すように，Ψ_1 から Ψ_3 までがそれぞれ 2 個の電子で満たされる。

11）分子の立体構造については 4.3.5 節で説明する。

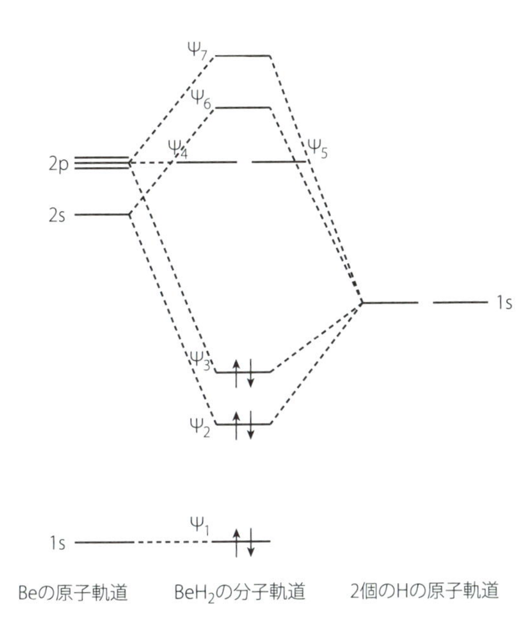

図 4-30　BeH_2 の軌道エネルギーと基底状態での電子配置

電子で満たされた 3 つの分子軌道のうち，BeH_2 の 2 本の Be−H 結合に関わるのは，結合性分子軌道である Ψ_2 と Ψ_3 である。図 4-31 にこれら 2 つの分子軌道の概略図を示す。

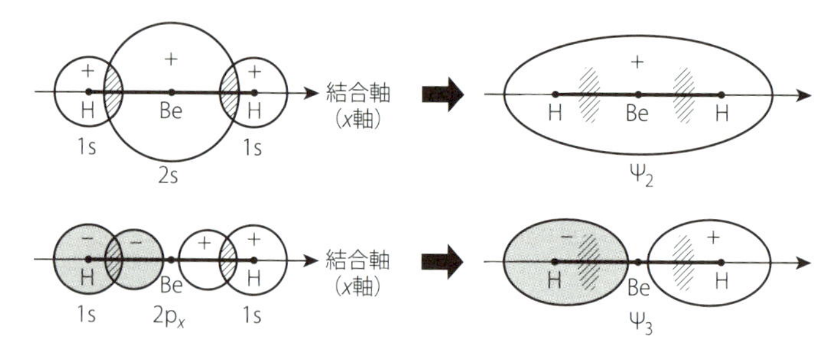

図 4-31　BeH_2 の結合性分子軌道

Ψ_2 は，ベリリウム原子の 2s 軌道と 2 個の水素原子の 1s 軌道が同じ符号で重なることでつくられ，図 4-31 に示すように，関数の値が正となる領域が 3 つの原子全体に広がった軌道となる。一方 Ψ_3 は，ベリリウム原子の $2p_x$ 軌道の正の部分が右側の水素原子の 1s 軌道と，負の部分が左側の水素原子の 1s 軌道と，それぞれ同符号で重なることでつくられ，図に示すように，ベリリウム原子の右側で関数の値が正，左側で関数の値が負の領域が広がっている。波動関数の二乗は電子の存在確率を与える。二原子分子の場合と同じように，原子軌道が同符号で重なった領域（図 4-31 の斜線で網掛けした領域）では，関数の絶対値が大きくなることに注意すると，結合性分子軌道 Ψ_2，Ψ_3 では，ベリリウム原子と両端の水素原子の中間の領域で，電子の存在確率が高くなると考えられる。すなわち，二原子分子の場合と同様に，原子と原子の中間領域で存在確率が高くなることで，電子が正に帯電した原子核をつなぐはたらきをしている。しかし，従来の原子価論では，一本の Be−H 結合をつくる電子対は，これら 2 つの原子の間に局在していると考えるのに対し，Ψ_2，Ψ_3 を占めている電子は，2 つの原子の間に局在せず，3 つの原子全体にわたって存在することができる。これを電子が**非局在化している**という。すなわち Ψ_2，Ψ_3 を占めている電子は，ある一方の Be−H 結合の形成のみに関わっているのではなく，両方の Be−H 結合の形成に寄与しているのである。このように，多原子分子のシュレーディンガー方程式から得られる“非局在化された”分子軌道は，そのままで，ある特定の結合と関連づけることができない。分子軌道法と原子価論を結びつけるためには，非局在化された分子軌道の線形結合から，“局在化された”分子軌道を再構築する必要がある。

一方，分子軌道法と異なり，原子価の考え方から出発し，量子論を分子へ応用するアプローチがある。この手法は，**原子価結合法（Valence Bond 法，VB 法）**と呼ばれる。分子軌道法のように，分子のエネルギー状態に対応した波動関数を得ることはできないが，原子価の考えと直接結びついているため，多原子分子の化学結合を論じるうえで，直感的でわかりやすい。

原子価結合法では，2個の原子が不対電子を出し合って共有結合をつくるという原子価の考え方を量子論に応用して，それぞれの原子で不対電子が属する原子軌道が空間的に重なることにより，結合電子対が形成されると考える。例えば，フッ化水素では，水素原子の1s軌道と，フッ素原子で不対電子が入っている2p軌道が図4-32のように重なることで，共有結合がつくられると考える。

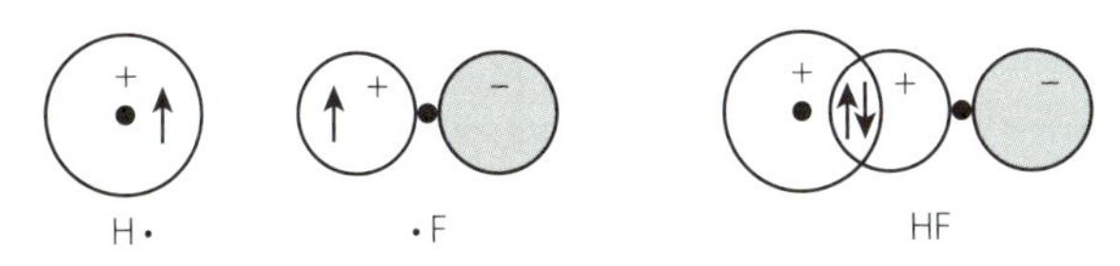

図4-32　原子軌道の重なりによる共有結合の形成（フッ化水素の例）

これは，先に学んだ分子軌道法において，結合性分子軌道に2個の電子が入った場合とよく対応している。二原子分子の結合性分子軌道では，2つの原子の原子軌道が同じ符号で重なり，2個の原子核の間の波動関数の値が高くなる。このことは，2個の原子核の中間領域で，電子の存在確率が高くなることを意味していた。そして，この軌道に2個の電子が入って電子対をつくることで，電子が2個の原子核を結びつけるはたらきを果たしていた。このように分子軌道法では，まず軌道をつくり，そこに電子を入れることで，結果として分子を形づくるための結合電子対が表現された。これに対して原子価結合法では，先に原子の電子配置から出発し，不対電子が占めている原子軌道間の重なりにより結合電子対の形成を説明する。

原子価結合法は原子価の考えに基づいているので，多原子分子，すなわち，3個以上の原子からなる分子でも，化学結合は，その中の2個の原子間のみで形成されると考える。したがって，1つの結合に対しては，それをつくっている2個の原子の原子軌道の重なりのみを考えればよい。原子価結合法を通して，分子の立体構造と量子論に基づく軌道の考えとをつなげることが可能となる。

原子価結合法で，原子のs軌道とp軌道のみが関与した結合は，その軌道の重なり方によってσ結合とπ結合とに区別される[12)]。これはちょうど，二原子分子の分子軌道法におけるσ軌道とπ軌道に対応する。図4-33に示すように，結合軸に対して軸対称性を持ち，2つの軌道が結合軸上で重なる結合がσ結合，そうでないものがπ結合になる。

12）d軌道が結合に関与する場合は，さらにδ結合が加わる。

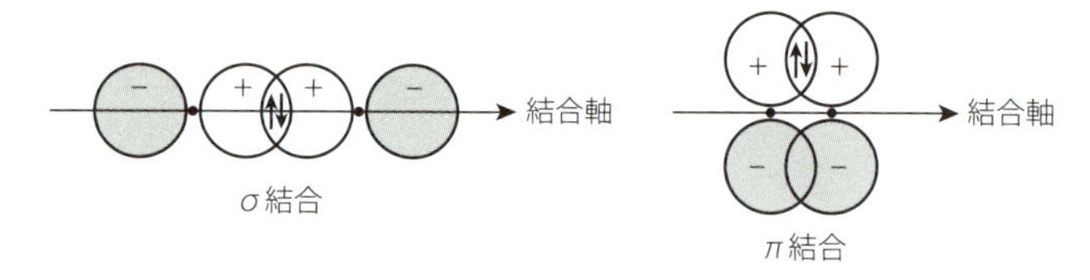

図 4-33　2 個の p 軌道からつくられる σ 結合と π 結合

4-3-2　昇位と混成

前節で述べたように，原子価結合法では分子の結合や立体構造と量子論的な軌道の概念を結びつけることが容易にできる。本節以降では，原子価結合法に基づいて，多原子分子の結合と立体構造を考えてみる。ただし，原子価結合法を具体的な系へ応用するためには，以下のようにいくつかの便宜を図る必要がある。

（1）昇　位

原子価結合法で化学結合を扱うときにまず考慮しなければならないことは，原子価と原子の電子配置との関係である。原子価は，4.1.2 節で述べたように，ある原子がつくることができる化学結合の数のことで，一般的にその原子が持つ不対電子の数と等しい。例えば，窒素原子の基底状態での電子配置は量子論によれば $1s^2\,2s^2\,2p^3$ であり，フントの規則から，2p 軌道に入っている 3 個の電子が不対電子となっている。これは窒素の原子価が 3 であることと対応する。窒素原子と同様に，酸素原子（原子価 2），フッ素原子（原子価 1）も，基底状態での不対電子の数は原子価と一致する。

これに対して，ベリリウム原子の基底状態での電子配置は，$1s^2\,2s^2$ であり，不対電子はない。しかし，前節で例に挙げた BeH_2 の結合からもわかるように，一般的にベリリウムの原子価は 2 であり，基底状態の電子配置と整合しない。そこで，BeH_2 を形づくっているベリリウム原子は，基底状態と異なり 2 個の不対電子を持った，よりエネルギーの高い状態にあると考える。この状態を**原子価状態**といい，基底状態から原子価状態へ原子が移ることを，**昇位**という。図 4-34 にベリリウム原子の基底状態と原子価状態での電子配置を示す。

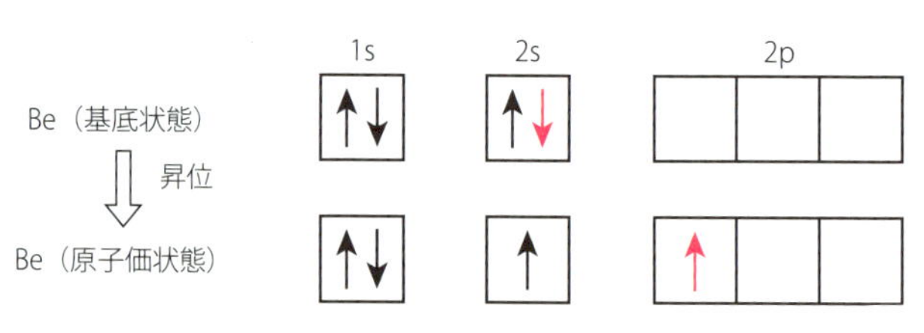

図 4-34　ベリリウム原子の基底状態から原子価状態への昇位

図のように，ベリリウム原子の 2s 軌道に入っていた１つの電子が 2p 軌道に移ることで，不対電子が２個となる。ベリリウム原子だけに着目すると，原子価状態は基底状態よりもエネルギー的に高く，不安定である。しかし，BeH_2 分子では，ベリリウム原子が２個の Be－H 結合をつくることにより，その分エネルギー的に安定化される。すなわち，昇位による不安定化より，２個の Be－H 結合をつくることによる安定化が勝るため，ベリリウムは原子価２の状態を取ると考えることができる。同様に，ホウ素原子と炭素原子は基底状態でそれぞれ１個と２個の不対電子しか持たないが，原子価状態に昇位して，不対電子をそれぞれ３個と４個持つと考えることにより，これらの原子の原子価を説明することができる。図 4-1 で示した原子のルイス構造式で，ベリリウム，ホウ素，炭素の点電子の表し方が，基底状態での不対電子の数と一致していなかったことも，以上のような考え方に沿っている。

（2）軌道の混成

原子価結合法では，不対電子の入っている原子軌道の重なりを通じて共有結合が形成されることはすでに 4.3.1 節で述べた。前述のように，ベリリウム原子が昇位しているとすると，不対電子が入っているのは，図 4-34 に示すように 2s 軌道と１つの 2p 軌道である。BeH_2 では，これら２つの軌道が水素原子の 1s 原子軌道とそれぞれ重なって，２本の Be－H 結合を形成すると考えればよいのであろうか。ベリリウム原子の 2s 軌道と水素原子の 1s 軌道の重なりからできた結合と，ベリリウム原子の 2p 軌道と水素原子の 1s 軌道の重なりからできた結合では，結合の強さや結合距離が違いそうである。しかしながら，実際の BeH_2 は対称的な直線構造である。すなわち２本の Be－H 結合は等価で，そのなす角は 180° である。したがって，ベリリウムの 2s 軌道と 2p 軌道がそのまま水素原子の 1s 軌道と重なって結合をつくるという考え方では，実際の BeH_2 分子の立体構造を説明することはできない。この問題を克服するために，原子価状態で不対電子が入っているベリリウムの 2s 軌道（ψ_{2s}）と 2p 軌道の中の１つ（例えば ψ_{2px}）の２個の軌道を混ぜ合わせて，新たに次の２つの原子軌道 φ_1，φ_2 をつくる。

$$\varphi_1 = \frac{1}{\sqrt{2}}(\psi_{2s} + \psi_{2px})$$

$$\varphi_2 = \frac{1}{\sqrt{2}}(\psi_{2s} - \psi_{2px})$$

このように，複数の原子軌道が混ざり合って新しい軌道ができることを**混成**という。特にこの場合のように，s 軌道と１個の p 軌道が混成してできた 2 つの軌道を **sp 混成軌道**という。図 4-35 に，2 つの sp 混成軌道の空間的な形を模式的に示す。図に示すように，混成軌道では，関数の値が正の領域が広く，値が負の領域が狭くなる。そして 2 つの sp 混成軌道は，形は同じだが，正反対の方向を向く[13]。

13） いまの例のように sp 混成軌道を原子の s 軌道と p_x 軌道からつくる場合は，x 軸に沿って正反対の方向を向く。

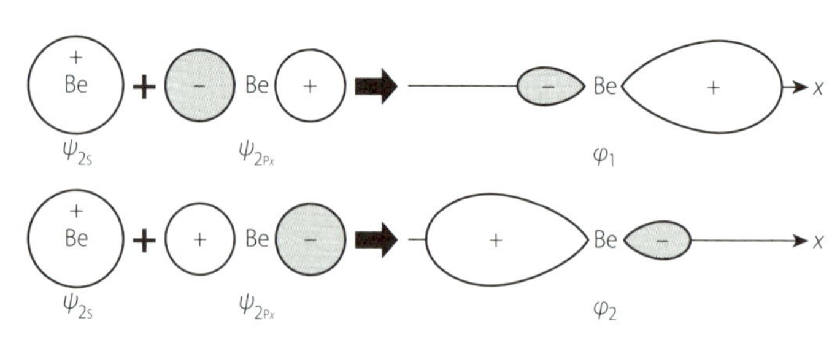

図 4-35　ベリリウムの sp 混成軌道の模式図
（ベリリウム原子核の位置を Be で表す）

ベリリウム原子は原子価状態で 2 個の不対電子を持つので，図 4-36 に示すように，2 個の sp 混成軌道のそれぞれに 1 個ずつ不対電子が入る。

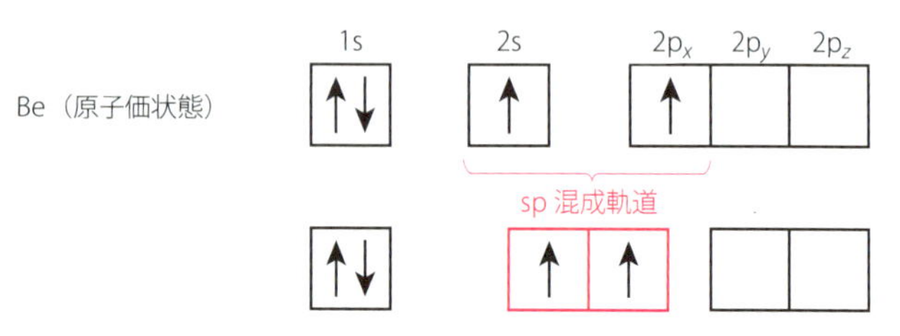

図 4-36　ベリリウムの sp 混成軌道の電子配置

このように不対電子が入った 2 つの sp 混成軌道のそれぞれが，水素原子の 1s 原子軌道と重なって 2 本の Be−H 結合をつくると考えられる。図 4-37 にそれを示す。図からわかるように，2 本の Be−H 結合は正反対の方向を向き，BeH_2 が対称的な直線構造であることと矛盾しない。

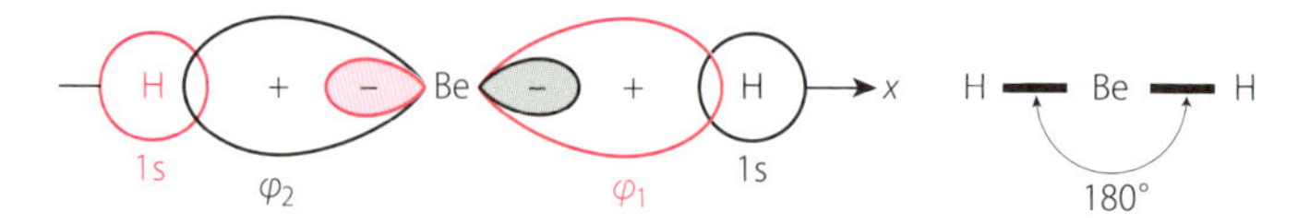

図 4-37　BeH_2 における原子軌道の重なりと立体構造
（ベリリウム原子核，水素原子核の位置をそれぞれ Be，H で表す）

また，図 4-37 からわかるように，ベリリウムの sp 混成軌道と水素の 1s 軌道との重なりは，それぞれの結合軸に対して対称的である。2 本の Be−H 結合はいずれも σ 結合である。

4-3-3　分子の立体構造と混成軌道

原子価結合法では，分子の立体構造に対応して様々な混成軌道を考える。どの混成軌道を用いるかは分子の立体構造によって決まるもので，原子の電子配置によらない。ここではメタン CH_4，エチレン C_2H_4，アセチレン C_2H_2 の 3 種類の炭化水素を例にあげて，分子の立体構造と混成軌道の関係を見てみよう。

まず，炭素の原子価 4 を説明するため，図 4-38 のように，炭素原子が原子価状態に昇位していると考える。

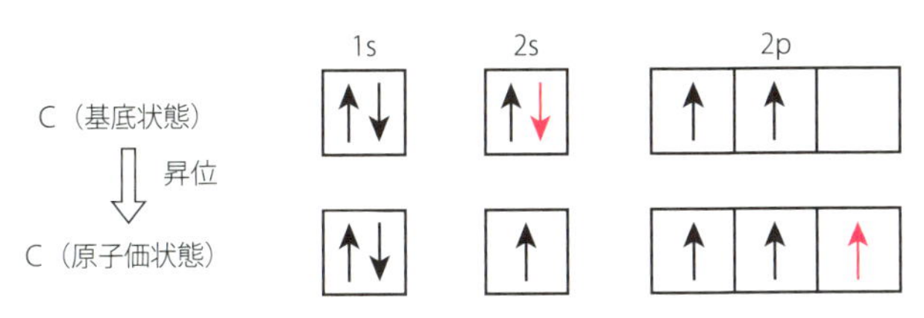

図 4-38　炭素原子の基底状態から原子価状態への昇位

メタンの立体構造は正四面体形であり，4 本の C−H 結合は等価である。これを説明するために，炭素原子の 2s，$2p_x$，$2p_y$，$2p_z$ 軌道が混成して，4 つの **sp^3 混成軌道**をつくると考える。図 4-39 に示すように，これら 4 つの sp^3 混成軌道のそれぞれに不対電子が入る。

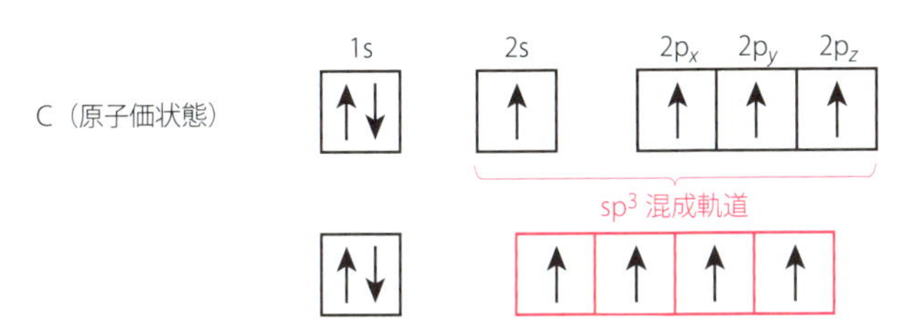

図 4-39　炭素の sp^3 混成軌道の電子配置

こうして不対電子が入った 4 つの sp^3 混成軌道のそれぞれが，水素原子の 1s 原子軌道と重なることで 4 本の C−H 結合が形成される。図 4-40 に示すように，4 つの sp^3 混成軌道はいずれも同じ形で，炭素原子を中心とした正四面体の 4 つの頂点の方向を向いている。したがって，4 本の C−H 結合も正四面体の 4 つの頂点方向を向き，メタンの立体構造を説明することができる。

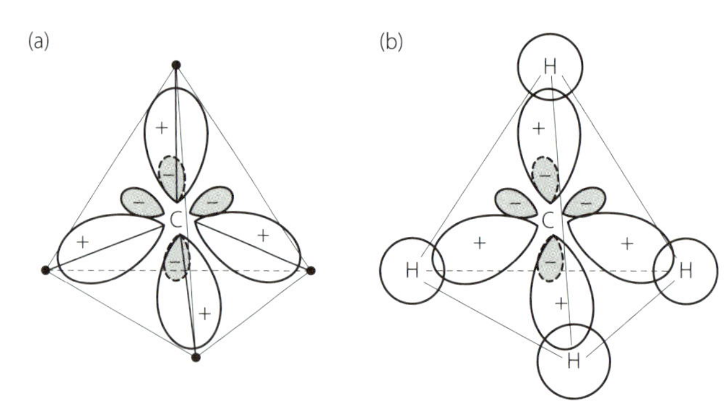

図 4-40 (a) 4 つの sp^3 混成軌道と (b) メタンの C−H 結合

また，炭素の sp^3 混成軌道と水素の 1s 軌道との重なりは，それぞれの結合軸に対して対称的であるので，4 本の C−H 結合はいずれも σ 結合である。

エチレンはメタンと異なり，同一平面上にすべての分子がある。エチレンの炭素原子に対しては 2s 軌道と 2 つの 2p 軌道（例えば $2p_x$ と $2p_y$ 軌道）とから 3 つの **sp^2 混成軌道**をつくると考える。図 4-41 にその電子配置を示す。

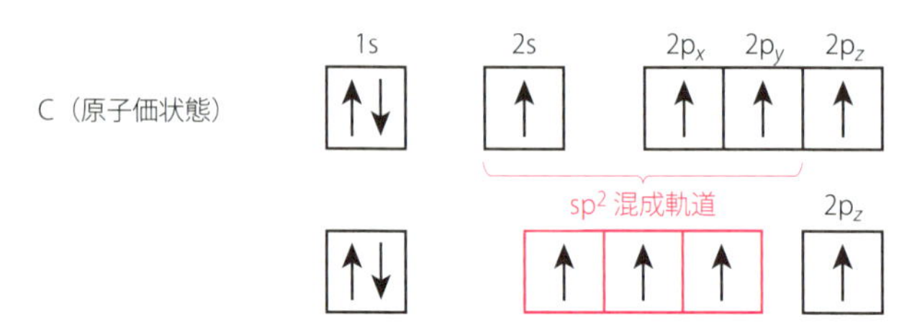

図 4-41 炭素の sp^2 混成軌道の電子配置

こうしてできる sp^2 混成軌道は，炭素原子を中心として描いた正三角形の 3 つの頂点方向を向く [14]。したがって図 4-42 (a) のように，それぞれの sp^2 混成軌道の間の角度は 120° となる。エチレンでは，炭素原子が持つ 3 つの sp^2 混成軌道のうち，2 つが水素原子の 1s 軌道と，残る 1 つがもう一方の炭素原子の sp^2 混成軌道と重なることにより，平面状のエチレン分子骨格ができる。その様子を図 4-42 (b) に示す。

14） いまの例のように sp^2 混成軌道を原子の s 軌道と p_x 軌道，p_y 軌道からつくる場合は，xy 平面上で正三角形の 3 つの頂点方向を向く。

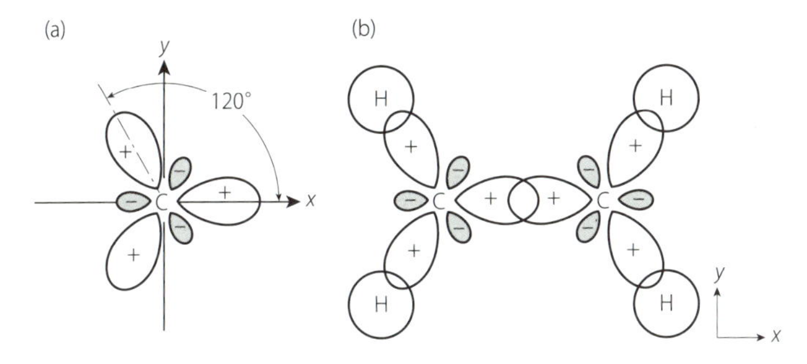

図 4-42　(a) 3つの sp^2 混成軌道と (b) エチレンの σ 結合

これらの結合では，軌道の重なりがそれぞれの結合軸に対称的であるので，σ 結合である。一方，炭素原子には，図 4-41 に示したように，sp^2 混成軌道に関与しない 2p 軌道が 1 つあり（図の例では，$2p_z$ 軌道），ここにも不対電子が入っている。この $2p_z$ 軌道が，もう一方の炭素原子の $2p_z$ 軌道と重なることで，炭素－炭素結合がさらに 1 個形成される。$2p_z$ 軌道はエチレンの分子平面と垂直方向を向いている[15]。2 個の炭素原子の 2p 軌道が重なる様子を図 4-43 に示す。

15）ここでは sp^2 混成軌道を $2p_x$ 軌道と $2p_y$ 軌道からつくっているので，図 4-43 (b) で描かれるエチレンの分子骨格も *xy* 平面上になる。したがって，$2p_z$ 軌道はエチレンの分子平面と垂直方向を向く。

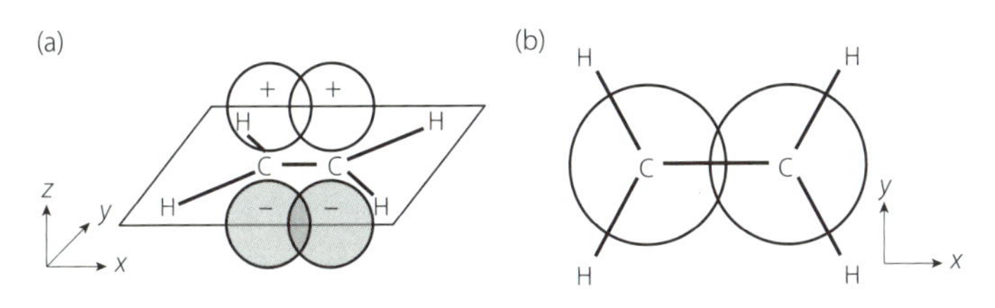

図 4-43　エチレンの π 結合

図 4-43 (a) は分子平面の斜め上から，(b) は分子平面の真上から眺めた図である。これらの図からわかるように，2 つの炭素原子の $2p_z$ 軌道は，軌道関数の値が正の部分どうし，負の部分どうしで重なっており，これで 1 つの炭素－炭素結合を形づくっている。この結合は π 結合である。ルイス構造式を描くとわかるように，エチレンの 2 個の炭素原子は二重結合で結ばれているが，原子価結合法によれば，その 1 つは σ 結合であり，もう 1 つは π 結合である。

アセチレンは炭素－炭素間が三重結合で結ばれた直線分子である。この立体構造を矛盾なく説明するために，BeH_2 の例と同じようにアセチレンの炭素で 2s 軌道と 1 つの 2p 軌道（ここでは $2p_x$ 軌道とする）から 2 つの sp 混成軌道をつくる。図 4-44 にその電子配置を示す。

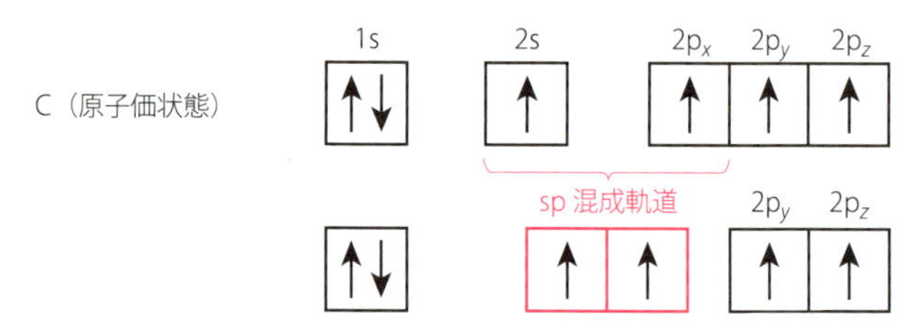

図 4-44　炭素の sp 混成軌道の電子配置

アセチレンでは，炭素原子が持つ 2 つの sp 混成軌道のうち，1 つが水素原子の 1s 軌道と，1 つがもう一方の炭素原子の sp 混成軌道と重なる。その様子を図 4-45 に示す。この図のように，分子を構成する原子が一直線上（この場合は x 軸方向）に位置した直線状のアセチレン分子骨格ができる。

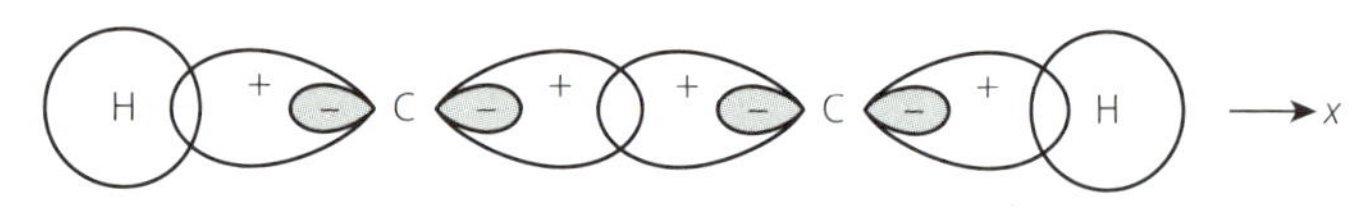

図 4-45　アセチレンの σ 結合

このようにしてできるC−H結合，C−C結合はどちらもσ結合である。一方，炭素原子には，図 4-44 に示すように，sp 混成軌道に加わらない $2p_y$ 軌道，$2p_z$ 軌道があり，これらにも不対電子が入っている。それぞれの軌道が，もう 1 つの炭素原子の $2p_y$, $2p_z$ 軌道と重なることで，炭素−炭素間にさらに結合ができる。その様子を図 4-46 に示す。

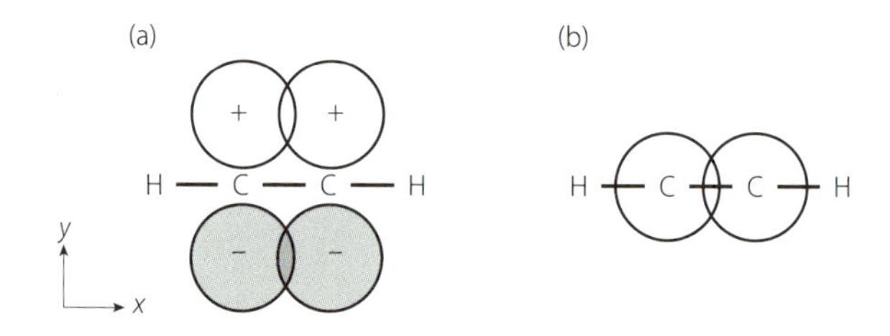

図 4-46　アセチレンの 2 つの π 結合

図 4-46（a）は，2 つの炭素原子の $2p_y$ 軌道の重なりを xy 平面上で描いている。$2p_y$ 軌道は y 軸方向を向いているため，この図のように結合軸（x 軸）と垂直方向を向き，原子軌道関数の値が正の部分どうし，負の部分どうしが重なることで，1 本の炭素−炭素結合をつくっている。この結合は π 結合である。一方，図 4-46（b）は，2 つの炭素原子の $2p_z$ 軌道の重なりを，やはり xy 平面上で描いている。$2p_z$ 軌道は xy 面とは垂直方向を向く（紙面の上下方向を向く）ため，この図では，軌道関数の値が正の領域のみが描かれているが，その重なり方は $2p_y$

軌道の場合と全く同様で，*xz* 平面上で描けば図 4-46（a）と同じ図になる。したがって，この場合も 2 つの $2p_z$ 軌道関数の値が正の領域，負の領域どうしが重なって，1 本の炭素－炭素結合が形成される。この結合も π 結合である。アセチレンの 2 個の炭素間は三重結合で結ばれているが，原子価結合法では，このうちの 1 つが σ 結合（sp 混成軌道どうしの重なり），残る 2 つが π 結合となる。

4-3-4 共　　鳴

分子軌道法と違い，原子価結合法では結合電子対の形成を化学結合の前提条件としているため，実際の分子の電子状態を正しく記述できない場合がある。例えば，酸素分子が基底状態で 2 つの不対電子を持つことが，分子軌道法では正しく表現されていることを 4.2 節で学んだが，原子価結合法では，ルイス構造式で表されるような結合電子対の形成を出発点としているため，当然，酸素分子が不対電子を持つことを説明できない。

また，2 個の原子間で共有結合が形成する，という前提のために，実際の結合をうまく表現できない場合がある。例えば，ベンゼン C_6H_6 を例として考えよう。この分子のルイス構造式を図 4-47（a）に示す。また，図 4-47（b）に示した簡略化された構造式は，有機化学においてよく用いられる。

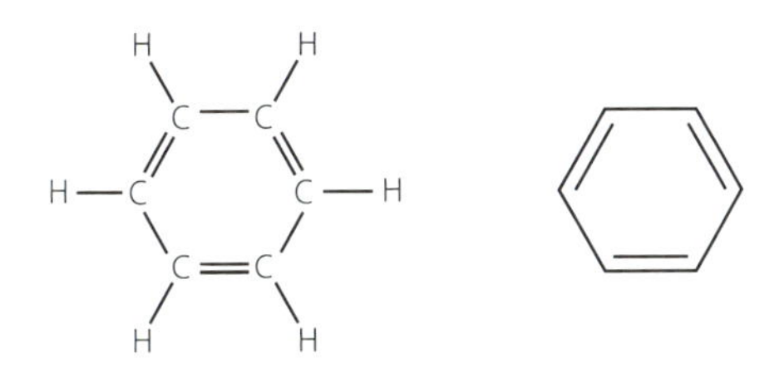

図 4-47　ベンゼンのルイス構造式と簡略化された構造式

これらの構造式では，ベンゼン分子骨格を形づくっている六員環が，3 本の炭素－炭素二重結合と 3 本の炭素－炭素単結合から成り立っている。4.2.2 節の等核二原子分子の例で見てきたように，一般に，二重結合は単結合よりも強く，結合距離も短いので，図 4-47 の構造式がベンゼンの立体構造を正しく記述しているならば，六員環は，3 本の長い辺と 3 本の短い辺が交互につながった構造となるはずである。しかし，よく知られているように，実際のベンゼンの六員環は正六角形である。

ベンゼンの結合と構造を原子価結合法に基づいて説明してみよう。六員環が正六角形であることから，C－C－C の結合角はいずれも 120°となる。また，H－C－C 角も同様に 120°となる。このことから，ベンゼンを構成している6個の炭素原子それぞれに対して，前節のエチレンの取り扱いで導入した sp^2 混成軌道を考えるとよいことが想像される。1つの炭素原子に着目すると，3個の sp^2 混成軌道のうち，2個が両隣の炭素原子の sp^2 混成軌道とそれぞれ重なり，残る1個が水素の1s軌道と重なることで，2本のC−C結合と1本のC−H結合ができる。これを6個の炭素原子すべてに適用すると，図4-48（a）に示したように軌道が重なって，ベンゼンの分子骨格をつくる σ 結合ができる。一方，前節のエチレンでの取り扱いと全く同様に，それぞれの炭素原子で，混成軌道に関わらない2p軌道が1個ずつあり，そこにも不対電子が入っている。これらの軌道はベンゼンの分子平面と垂直方向を向いており，分子平面の上下で，隣り合う炭素原子の2p軌道と重なって，π 結合をつくっている。その様子を図4-48（b）に示す。

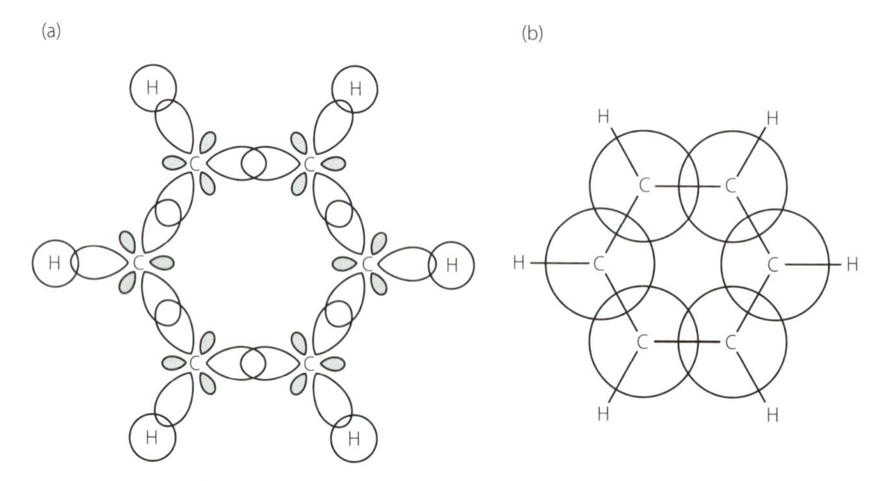

図4-48　ベンゼンの（a）σ 結合および（b）π 結合

この図は，ベンゼンの分子平面を上から見たときの2p軌道の重なる様子を示している（エチレンの図4-43（b）と同じ描き方である）。この図のように，1つの炭素の2p軌道は，隣りあう2個の炭素原子の一方が持つ2p軌道とだけ重なるのではなく，両方の原子の2p軌道と同等に重なっている。このような結合は，2個の原子の間を線で結んで表す構造式1つで正しく表現することができない。2つ以上の構造式を使い，表現する必要がある。ベンゼンの例では，図4-47で示された構造式と，これと炭素−炭素の二重結合，単結合が入れ替わった構造式の2つを使って，次のように表現する。

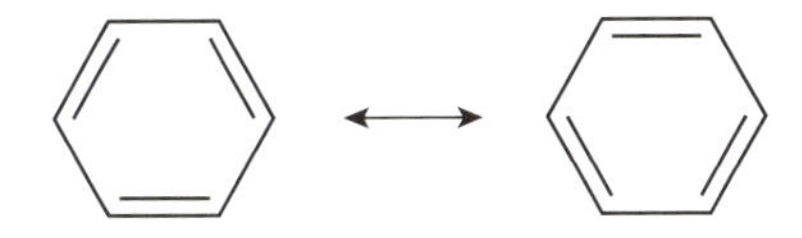

図4-49 ベンゼンの共鳴構造

図4-49の2つの構造式の間に描かれている両矢印は，実際のベンゼンの結合様式が，これら2つの構造式を平均したもので表されることを意味する。この考え方を**共鳴**といい，これらの構造式を極限構造式という。ベンゼンでは，2つの極限構造を平均することで，それぞれの炭素－炭素間の結合は1.5重結合であるとみなすことができる。

4-3-5 原子価殻電子対反発則と分子の立体構造

前節で学んだように，原子価結合法では混成軌道という考え方を用いることにより，共有結合の形成を分子の立体構造とは矛盾しない形で説明することができる。しかしこれは，分子の立体構造がわかっているという前提の下で可能であって，逆に未知の立体構造を混成軌道から予測することはできない。これに対して，**原子価殻電子対反発（Valence Shell Electron Pair Repulsion，VSEPR）則**を用いると，ルイス構造式から出発して，分子の立体構造を大まかに予測することができる。VSEPR則は，原子価結合法と独立に成立した経験則であるが，混成軌道の考えと非常に良い対応関係を示すことがわかっている。ここでは，VSEPR則をまず解説し，次いで，原子価結合法との対応関係を示していこう。

VSEPR則の基本は，「原子価殻にある電子対は互いに反発しあうため，これらの間の距離が最も遠くなるように電子対は配置される」という考えである。原子価殻の電子，すなわち価電子は，他の原子との結合に用いられる（ことが多い）ため，電子対の配置は，分子の立体構造を決めることになる。ここで着目するのは，ある原子が原子価殻にもつ電子対の数である。電子対の数によって，これら電子対の相互配置が決まり，分子の立体構造が決まる。例えば，原子価殻にもつ電子対が2組の場合を考えてみよう。水素化ベリリウムBeH_2がこれに相当する。この分子は，4.1.4節で述べたように，中央のベリリウム原子がオクテット則を満たさない。図4-9に示したルイス構造式からわかるように，中央のベリリウム原子は2組の結合電子対を原子価殻に持っている。これらの電子対の間の電気的な反発が最も弱くなるのは，2つの電子対が最も離れたとき，すなわち，図4-50のように，H－Be－Hの角度が180°となって，分子が直線構造となったときである。

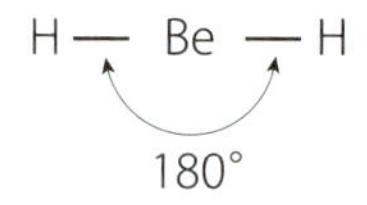

図 4-50　BeH_2 の立体構造

水素化ベリリウムに限らず，原子価殻の電子対の数が 2 組の場合，これら電子対のなす角は 180°になることが予想される。このように，ある原子が原子価殻に持つ電子対の数によって，これらの立体的な配置が決まると考えられる。電子対の数が 2 組から 6 組の場合に対応する電子対の立体的な配置を図 4-51 と表 4-2 に示す。

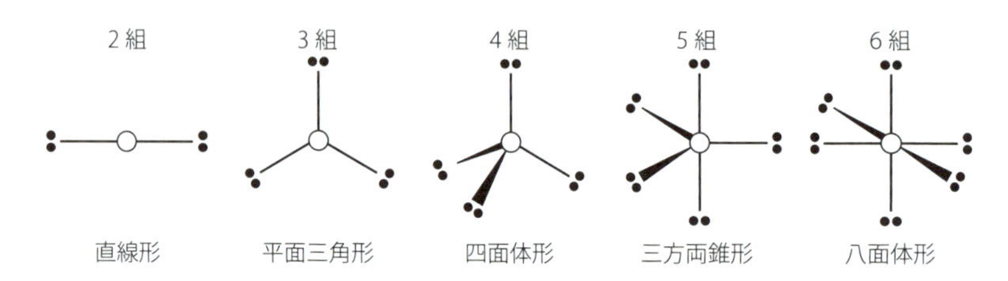

図 4-51　電子対の立体的な配置

表 4-2　VSEPR 則による電子対の数と立体配置の関係

電子対の数	電子対の立体的な配置	対応する混成軌道
2	直線形	sp
3	平面三角形	sp^2
4	四面体形	sp^3
5	三方両錐形	sp^3d
6	八面体形	sp^3d^2

したがって，原子価殻の電子数を数えれば，表 4-2 の関係をもとに，分子の立体構造を推定することができる。電子対の数え方には，VSEPR 則独特の決まりがある。分子の中のある 1 つの原子に着目して，

① その原子が持つ非共有電子対の数を数える。

② その原子が持つ結合電子対の数を数える。ただし，二重結合，三重結合は 1 として数える。

③ 以上のようにして数えた結合電子対と非共有電子対の総和を求める。これが表 4-2 の " 電子対の数 " に相当し，これに対応した " 電子対の立体的な配置 " を知ることができる。

例えば，二酸化炭素 CO_2 を例にあげると，そのルイス構造式は，図 4-52（a）のように描ける。中央の炭素原子に着目すると，まず非共有電子対はないので，上の ① の非共有電子対の数は 0 となる。また，2 本の二重結合で両脇の酸素原子と結ばれている。上の ② のように二重結合も電子対 1 組として数えるので，結合電子対の数は 2 組と

なる。よって，炭素原子が原子価殻に持つ電子対の総和 ③ は 2 組となり，図 4-52（b）に示すように 2 つの C=O 結合が互いに 180° 方向を向く。すなわち CO_2 は直線構造となる。

図 4-52　二酸化炭素のルイス構造式と立体構造

一方，オゾン O_3 のルイス構造式は，図 4-53 のように 2 つの極限構造式の共鳴として表される。

図 4-53　オゾンのルイス構造式

中央の酸素原子に着目すると，その原子価殻に非共有電子対 1 組と結合電子対 2 組（単結合 1 つ，二重結合 1 つ）の合計 3 組の電子対があるので，その配置は VSEPR 則によれば，表 4-2 に示すように平面三角形となる。ただし，非共有電子対は分子の立体構造に現れないため，オゾンでは，三角形の中心と，3 つの頂点のうちの 2 つのみが構造に現れ，図 4-54 に示すように折れ線形となる。

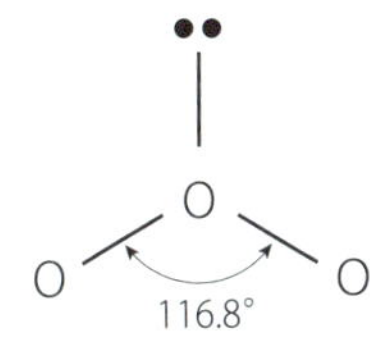

図 4-54　オゾンの立体構造

VSEPR 則から予想されるオゾンの結合角は 120° となるが，実験的には，図 4-54 に示しているように 116.8° と求められている。この若干の違いは, VSEPR 則のもととなっている電子対間の反発力の大きさが，結合電子対と非共有電子対で異なることによる。一般に反発力の大きさは，

［非共有電子対間］＞［非共有電子対と結合電子対の間］＞［結合電子対間］

の順になっている。オゾンの場合も，［結合電子対間の反発］が［非共有電子対と結合電子対の間の反発］に比べて小さくなるため，結合

角（結合電子対の間の角度）が 120° よりやや小さくなる。なお，オゾンは図 4-53 のように，2 つの極限構造式の共鳴で表されるので，2 つの酸素－酸素結合は等価で，その結合距離は等しい。

VSEPR 則で予想される立体構造と 4.3.3 節で学んだ混成軌道の間にはきれいな対応関係が見られる。表 4-2 に，電子対の数とその立体的な配置に対応して，原子価結合法で考えるべき混成軌道を示す。4.3.3 節で例として挙げたアセチレンをもう一度取り上げてみよう。2 個ある炭素原子のうちの 1 つに着目すると，非共有電子対は 0，結合電子対は 2 組（三重結合も 1 組として数える）なので，炭素原子が原子価殻に持つ電子対数は 2 組となる。したがって，H－C≡C は直線構造となり，もう一方の炭素原子に対しても同様の考察ができるので，分子全体が直線構造であると推定できる。さらに，表 4-2 の対応関係から，2 つの炭素原子それぞれで sp 混成軌道を考えることで，原子価結合法による結合の説明がなされることがわかる。この取り扱いは，前節で示したとおりである。

VSEPR 則を使えば，メタンの構造が四面体形であることも，原子価結合法では sp^3 混成軌道を考える必要があることも，表 4-2 の対応関係からわかる。また，以下に示すように，アンモニア NH_3，水 H_2O 分子でも，原子価結合法では sp^3 混成軌道を考えればよいことがわかる。まず，これらの分子のルイス構造式を図 4-55 に示す。

図 4-55　(a) アンモニアと (b) 水のルイス構造式

アンモニアでは，中央の窒素原子に着目すると，非共有電子対 1 組，結合電子対 3 組を原子価殻に持つので，電子対の数は合計 4 組となり，電子対の配置は四面体形となる。水では，中央の酸素原子が非共有電子対 2 組，結合電子対 2 組を原子価殻に持つので，やはり電子対の数は合計 4 組，その配置は四面体形となる。したがって，表 4-2 の対応関係から原子価結合法では sp^3 混成軌道を考えることになる。アンモニアの窒素原子の電子配置を図 4-56 に示す。

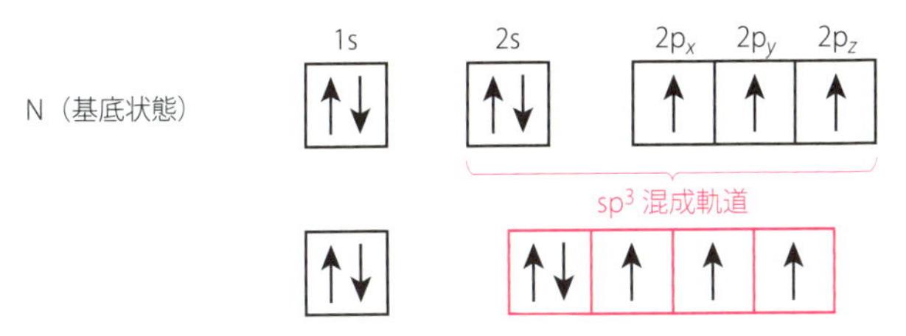

図 4-56　窒素の sp^3 混成軌道の電子配置

窒素原子は基底状態で不対電子を 3 個持ち，不対電子の数と原子価が等しいので，原子価状態への昇位は考えない。図に示した電子配置からわかるように，4 つの sp^3 混成軌道のうち 1 つは，結合をつくる前にすでに 2 個の電子で満たされており，これが図 4-55（a）に示されている非共有電子対に相当する。そして不対電子を持った 3 つの sp^3 混成軌道それぞれが水素原子の 1s 軌道と重なることにより，3 本の N－H 結合が形成されると考えることができる。その様子を図 4-57（a）に示す。

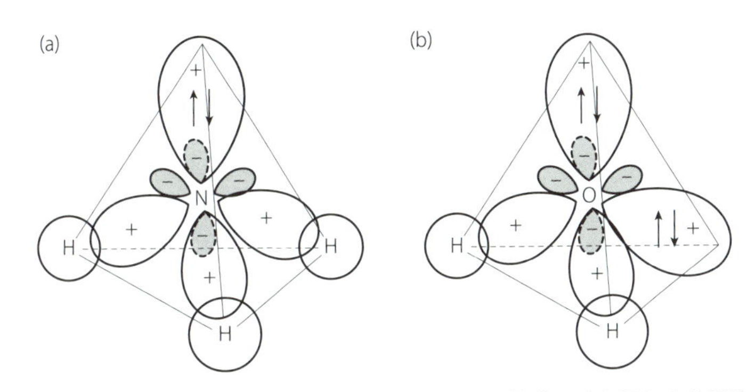

図 4-57　（a）アンモニア，（b）水における原子軌道の重なりと立体構造

水でも同様の考え方ができる。水の場合は，酸素原子でできる 4 つの sp^3 混成軌道のうち，2 つが結合をつくる前にすでに電子対で満たされており，これが図 4-55（b）で描かれた 2 組の非共有電子対に対応する。残る 2 つの sp^3 混成軌道に不対電子が入り，これらの軌道が水素原子の 1s 軌道と重なることにより，2 本の O－H 結合が形成される。その様子を図 4-57（b）に示す。

先のオゾンの例と同じように，アンモニア，水では，非共有電子対が立体構造には現れない。そのため，アンモニアは三方錐形，水は折れ線形となる。図 4-58 に，正四面体形のメタンとともに，これらの立体構造を示す。また，前述のように，非共有電子対と結合電子対で反発力の違いがあるため，結合角は，

［メタンの H－C－H 角］＞［アンモニアの H－N－H 角］＞［水の H－O－H 角］

の順になる。

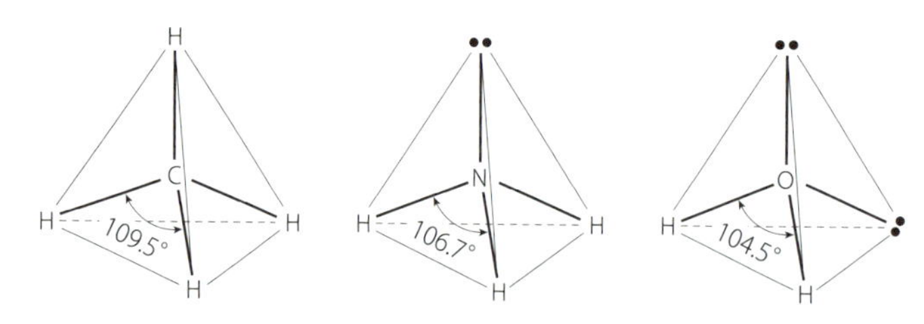

図 4-58　メタン，アンモニア，水の立体構造

4-3-6　多原子分子の極性と双極子モーメント

4.2 節で学んだように，異核二原子分子では一般的に，電気陰性度の違いによって電荷の偏りが生じ，それに伴って双極子モーメントを持つ。多原子分子でも，電気陰性度の異なる原子間の結合では，電荷の偏りが生じている。しかし，双極子モーメントはベクトル量であるため，その大きさは分子の立体構造と深く関わっている。例えば図 4-59（a）は，水分子での電荷の偏りとその結果生じる双極子モーメントを図示したものである。水素原子に比べ，酸素原子の電気陰性度は大きいので，負の電荷が酸素原子に偏り，一方で正の電荷が 2 個の水素原子に偏っている。それぞれの結合の双極子モーメントは図の細い矢印に示したように描かれるが，水分子は折れ線形であるため，分子全体での双極子モーメントは，これらのベクトルの和となって，図の赤い矢印で示した方向を向くことになる。このように，水分子は永久双極子モーメントを持った極性分子である。一方，図 4-59（b）は，二酸化炭素 CO_2 の例を表している。炭素原子に比べ，酸素原子の電気陰性度が大きいため，正の電荷が中央の炭素原子に偏り，負の電荷が両端の酸素原子に偏る。個々の結合の双極子モーメントは，図の細い矢印に示したようになるが，CO_2 は直線分子であるため，2 つのベクトルの和を取ると互いに打ち消しあって，分子全体で双極子モーメントは 0 になる。こうして二酸化炭素は無極性分子となる。

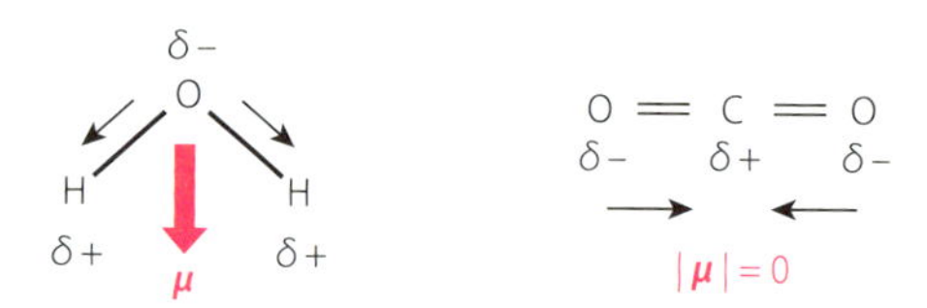

図 4-59　H_2O および CO_2 の双極子モーメント

以上のような扱いは，4 個以上の原子からなる分子でも同様である。したがって分子の永久双極子モーメントを求めるには，分子の立体構

造を知る必要がある。逆に，双極子モーメントを実験的に求めることができれば，そこから分子の立体構造に関する情報を得ることができる。次節で扱うように，分子の双極子モーメントは分子間にはたらくファンデルワールス力に関わっている。

4-4　分子間にはたらく力

4.3 節までは，主に分子を形づくる共有結合を中心に扱ってきた。本節では分子の間にはたらく相互作用について取り扱う。

4-4-1　ファンデルワールス力

双極子が 2 個あると, これらの間には電気的な引力と斥力（反発力）がはたらく。双極子が自由に回転できる場合は，図 4-60 のような安定な配置をとる。

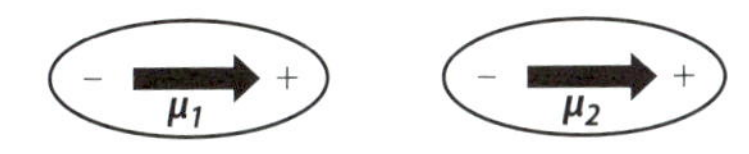

図 4-60　2 個の双極子の安定な配置

このような配置では，電気的な引力が斥力に勝り，全体として双極子どうしに引力がはたらく[16]。この双極子間の引力が，分子間にはたらく力（**分子間力**）の 1 つである**ファンデルワールス力**になる。以下に，極性分子間，極性分子と無極性分子間，無極性分子間のそれぞれに分けて，この双極子どうしの引力がどのようにはたらくかを考えてみる。

16）分子は，熱運動により回転するので図 4-60 のような配置をとるとは限らない。しかし，分子回転を考慮しても，2 個の双極子の間には引力がはたらく。

（1）極性分子間

極性分子は固有の永久双極子モーメントを持つので，極性分子の間には上で書いたような引力がはたらく。この現象を**配向効果**という。

（2）極性分子と無極性分子間

無極性分子は永久双極子モーメントを持たない。しかし，極性分子が近くにあると，その影響を受けて電荷に偏りが生じる。例えば図 4-61 のような場合，極性分子の正電荷により，無極性分子の中で極性分子に近い側に負の電荷が誘起され，その反対側に正の電荷が誘起される。

極性分子　無極性分子

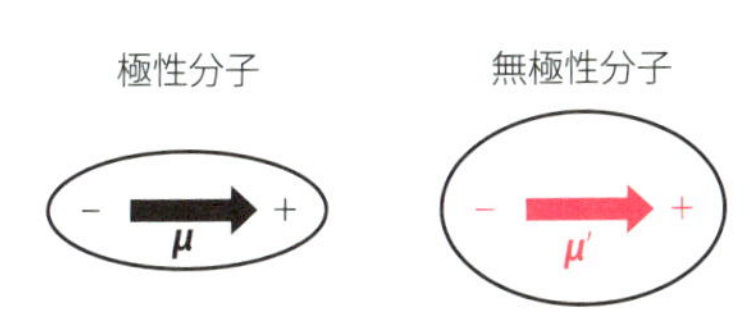

図 4-61　無極性分子に誘起される双極子

このようにして無極性分子に生じる双極子を**誘起双極子**という。そして極性分子の永久双極子と無極性分子の誘起双極子の間で引力が生じる。この現象を**誘起効果**という。

(3) 無極性分子間

無極性分子どうしでは，配向効果も誘起効果も生じない。しかし**分散力**という弱い引力がはたらく。これまで学んできたように，原子・分子の中の電子は，原子核のまわりにある確率で分布している。無極性分子では，平均すれば電子の確率分布に偏りはないので永久双極子は生じないが，瞬間，瞬間で，電子の位置によって，電荷の偏りが生じて双極子をつくる。このようにして無極性分子に一時的に生じた双極子は，他の分子に双極子を誘起する。この，一時的に生じた双極子と，それによる誘起双極子の間ではたらく弱い引力が分散力である。

以上のように，極性，無極性分子にかかわらず，分子の間には双極子間の相互作用に起因するファンデルワールス力という分子間引力がはたらく。分子間引力は，気体を圧縮して高圧にした場合に重要になるとともに，希ガスや二酸化炭素などが低温で固体となるときの結合の役割を果たす。

4-4-2　水素結合

フッ化水素，水，アンモニアなどの固体，液体では，**水素結合**により分子どうしがひきつけられている。図 4-62 にフッ化水素及び水の固体結晶中での水素結合の様子を示す。

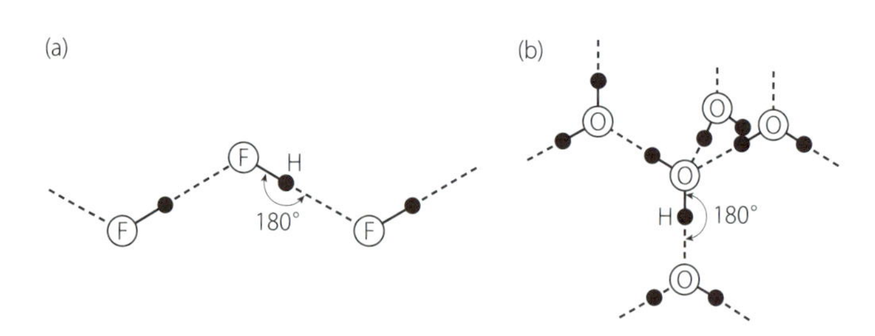

図 4-62 (a) フッ化水素および (b) 水の水素結合

水素結合は，電気陰性度の高い原子 X に結合した水素原子と，これと隣接した，電気陰性度の高い原子 Y との相互作用として，一般的に図 4-63 のように表すことができる。

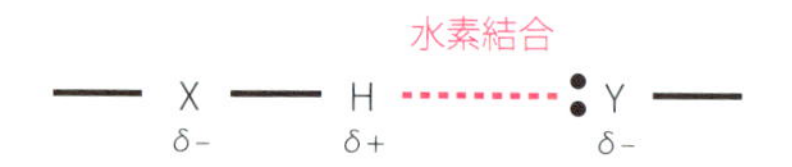

図 4-63　X−H と Y との水素結合

電気陰性度が非常に高いＸ原子には負電荷が偏り，水素原子には正電荷が偏っている。一方，Ｙ原子も電気陰性度が高いため，負電荷が偏っている。その結果，図 4-63 のように，正の電荷を帯びた水素原子と負の電荷を帯びたＹ原子との間に静電的な引力が生じる。この静電的な相互作用が水素結合の形成に大きく貢献していることはよく知られているが，これに加えて，Ｙ原子が持つ非共有電子対と，正電荷が偏ってプロトンに近い状態となった水素原子との相互作用も水素結合に寄与している。これらの相互作用の結果として，水素結合における∠Ｘ－Ｈ－Ｙは，一般的に 180°に近くなる。

水素結合は，イオン結合や共有結合に比べると弱いが，ファンデルワールス力に比べると強い。そのため，水素結合で形成された固体や液体は，ファンデルワールス力でつくられたものに比べ，融点，沸点が異常に高くなる。また，水素結合は分子間だけでなく，分子内で形成される場合もある。

章末問題

1）次の分子，分子イオンについて，以下の問に答えよ。

ア）HCl　　イ）Br_2　　ウ）H_3O^+　　エ）BF_4^-

オ）HCN　　カ）NO_2^+　　キ）NO_2^-　　ク）CO_3^{2-}

a）それぞれの分子，イオンのルイス構造式を描け。ただし，分子を構成する原子がすべてオクテット則（水素原子はデュエット則）を満たす構造とすること。また，形式電荷がある場合は，省略せずに示すこと。

b）ウ）～ク）の分子，イオンの立体構造を，VSEPR 則に基づいて推定せよ。

2）等核二原子分子に関する以下の問に答えよ。

a）図 4-21 の分子軌道のエネルギー図を用いて，Li_2，Be_2 の基底状態での電子配置を示せ。また，結合次数を求め，これらの二原子分子が生成するか否か，判断せよ。

b）図 4-24 の分子軌道のエネルギー図を用いて，B_2，C_2 の基底状態での電子配置を示せ。また，結合次数を求めよ。

c）表 4-1 にあげてあるように，F_2 とそのイオンの結合解離エネルギーを比較すると，F_2^-，F_2，F_2^+ の順で大きくなる。この関係を結合次数の観点から説明せよ。

3）下の図は水素化リチウム LiH の分子軌道のエネルギー図である。以下の問に答えよ。

a）分子軌道 A，B，C を，結合性，反結合性，非結合性分子軌道に分類せよ。

b）LiH の基底状態での電子配置を示せ。また，結合次数を求めよ。

c）LiH の永久双極子モーメントは 5.88 D である。また平衡核間距離は 0.160 nm である。ここから，水素原子，リチウム原子それぞれに偏る電荷の大きさを求めよ。

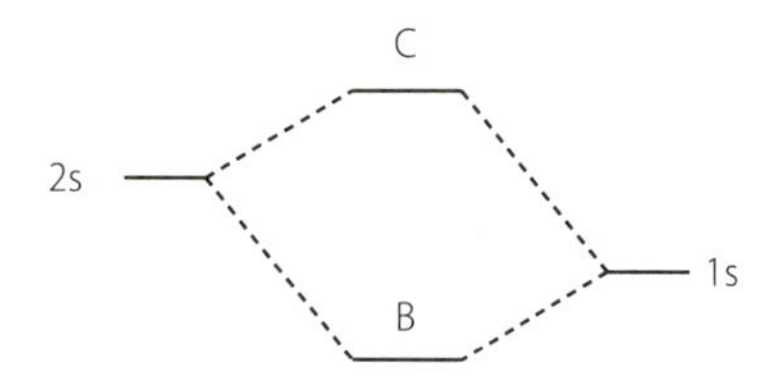

4）シアン酸 HOCN とイソシアン酸 HNCO は異性体の関係にある。

a）それぞれの分子のルイス構造式を描け。

b）VSEPR 則に基づいて，シアン酸の結合角∠ HOC および∠ OCN の大きさを推定せよ。同様にイソシアン酸の結合角∠ HNC および∠ NCO の大きさを推定せよ。

c）原子価結合法でシアン酸の結合を説明する場合，酸素原子と炭素原子のそれぞれでどのような混成軌道を考えればよいか。同様に，イソシアン酸では，窒素原子と炭素原子のそれぞれでどのような混成軌道を考えればよいか，答えよ。

5）次の分子に関する以下の問に答えよ。

ア）OF_2　イ）KrF_2　ウ）ClF_3　エ）NF_3　オ）SF_4

カ）XeF_4　キ）CF_4　ク）BrF_5　ケ）AsF_5　コ）SeF_6

a）それぞれの分子のルイス構造式を描け。

b）超原子価化合物をすべて選び，記号で答えよ。

c）VSEPR 則に基づいて，それぞれの分子の立体構造を推定せよ。

d）永久双極子モーメントを持つことが予想される分子をすべて選び，記号で答えよ。

6）以下の語句を説明せよ。

a）不対電子

b）非共有電子対

c）結合性分子軌道，反結合性分子軌道

d）永久双極子モーメント

e）σ 結合，π 結合

f）昇　位

g）共　鳴

h）分散力

第5章　物質の構造と性質

物質は，生命体を構成する根源であるとともに，地球環境などの我々の生活にとっても不可欠のものである。この物質を理解し，また利用するためには，その構造・性質を知ることが必要である。これまでの章では，原子や分子の形を電子状態に基づいて議論してきた。この章では分子や，その集合体の構造をどうやって調べるかについて述べる。

5-1　電磁波の利用

分子などの構造を調べるには，色々な方法が使われる。とりわけ電磁波は，物質のマクロな性質から原子レベルまでの性質を調べることができるため広く用いられている。

電磁波は，電場と磁場の振動が一体となって伝わる現象であり，光もその一種である。その伝搬速度は真空中では光速（c）である。電磁波はその波長・振動数によって物質に対する相互作用が異なり，第3章に述べたように粒子としての性質をもっているため，波としての相互作用以外に光子としても相互作用する。電磁波はその用途によって色々な呼び方がある。図5-1に電磁波の波長と呼び名，1 molあたりの光量子エネルギーを示す。

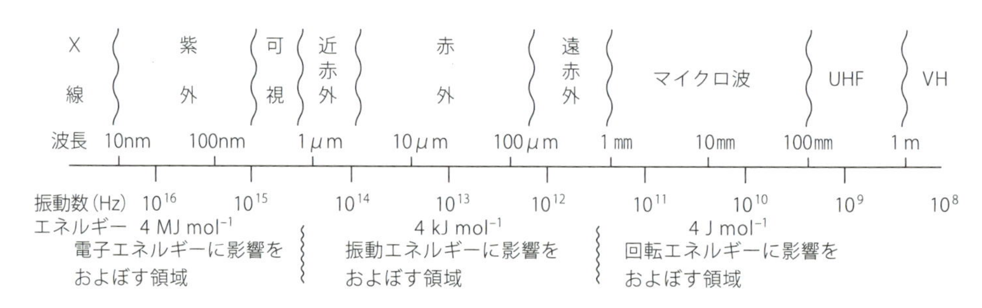

図5-1　電磁波の名称と波長・振動数

5-2 分子スペクトル

分子に電磁波を照射すると，ある条件で電磁波の吸収・発光という現象が起こる。原子の場合は，第3章に解説したように原子軌道間を電子が遷移する時だけ電磁波の吸収が起こる。分子については図5-2に示すように様々なエネルギー準位存在し，原子の場合と同様に，このエネルギー差と電磁波の光量子エネルギーが一致したときに吸収が起きる。厳密には「選択律」という因子も働くので吸収が起こらない場合もある。また，エネルギーの高い準位の分子からは蛍光などの発光の現象が見られる。

まず構造の簡単な水素分子について考えて見ることにする。エネルギーの大きい方から，全電子エネルギー（水素分子を２個の陽子と２個の電子にする：$-3100\ \mathrm{kJ\ mol^{-1}}$），結合エネルギー（$456\ \mathrm{kJ\ mol^{-1}}$），振動の零点エネルギー（$23\ \mathrm{kJ\ mol^{-1}}$），並進エネルギー（$3.73\ \mathrm{kJ\ mol^{-1}}$），および回転エネルギー（$2.51\ \mathrm{kJ\ mol^{-1}}$）の順となる。このように，回転や並進のエネルギーは振動のエネルギーよりも小さく，電子の結合エネルギーも全電子エネルギーの一部に過ぎない。通常，分子を原子核と電子に分解するような高いエネルギーが関与することはないので，分子の持つエネルギー（内部エネルギー：E）は，近似的には回転（E_{rot}），並進（E_{trans}），振動（E_{vib}），結合など（E_{elec}）のエネルギーの和として考えればよい。つまり

$$E = E_{\mathrm{rot}} + E_{\mathrm{trans}} + E_{\mathrm{vib}} + E_{\mathrm{elec}} \qquad (5\text{-}1)$$

の関係がある。この式（5-1）は，これらのエネルギーが独立していて，加成性があることを意味している。後述するように，並進（E_{trans}）を除くこれらのエネルギーはそれぞれ量子化されており，図 5-2 のようにいくつかの準位で表され，連続的な値をとることはない。電磁波が吸収されるためには，２つの量子化されたエネルギー準位の差（ΔE）と光子の持つエネルギーが等しいことが必要である（式 5-2）。

$$\Delta E = |E_1 - E_0| = h\nu \qquad (5\text{-}2)$$

また，波長（λ）や波数（$\bar{\nu}$）とは次の関係がある。

$$\lambda = \frac{hc}{|E_1 - E_0|},\quad \bar{\nu} = \frac{|E_1 - E_0|}{hc} \qquad (5\text{-}3)$$

この式は，吸収された１個の光子によって１個の分子のエネルギーが変化することを示している。

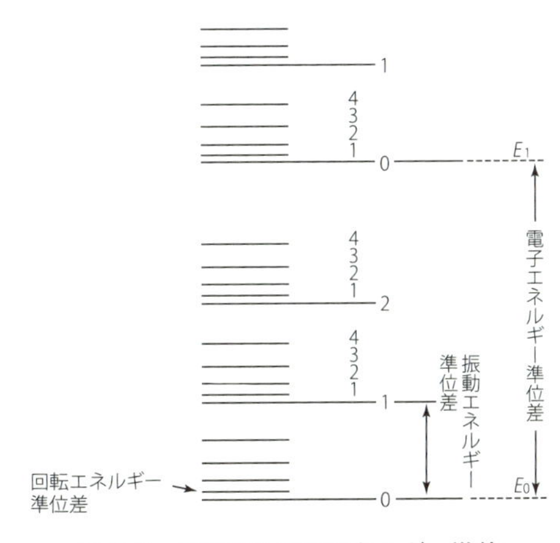

図 5-2　二原子分子のエネルギー準位

結合等（E_{elec}），振動（E_{vib}），回転（E_{rot}）のそれぞれのエネルギー差に相当する電磁波は，一般に波長の異なる波長領域に分けられ，電子スペクトル（electronic spectrum），振動スペクトル（vibrational spectrum），回転スペクトル（rotational spectrum）が出現する。それらはそれぞれ，（1）紫外・可視部（100 nm ～ 800 nm）および（2）近赤外部（1000 nm ～ 25 μm），（3）遠赤外（25 μm ～ 300 μm），（4）マイクロ波（1 mm ～ 10 cm）に相当する。

一般的に2個以上の原子が結合した分子においては，結合など（E_{elec}），振動（E_{vib}），回転（E_{rot}）の準位が共存するので，光が分子によって吸収された時のエネルギー変化は，（1）E_{vib} や E_{rot} などの変化を伴った E_{elec} の変化が起こる。（2）E_{elec} は変化せず，E_{rot} の変化を伴った E_{vib} の変化が起こる。（3）E_{rot} の変化だけが起こる，のいずれかである。電子スペクトル（E_{elec} の変化）の場合，付随する回転（E_{rot}），振動（E_{vib}）の変化は複数の組み合わせで起こるので，単一の輝線ではなく，多くの吸収線が観測される。振動スペクトルの場合も同様に，回転（E_{rot}）の変化が含まれるので多くの吸収線が観測される（図 5-3）。

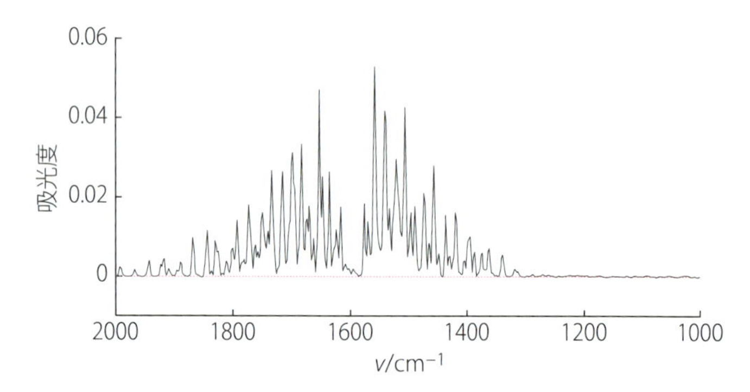

図 5-3　水蒸気の赤外吸収スペクトル（多くの回転準位を含んだ吸収）

5-2-1　紫外・可視分光法

電子状態間のエネルギー差に相当する光は紫外・可視部に現れるので，紫外・可視分光法によって電子状態の研究が行われており，このスペクトルを電子スペクトルと呼んでいる。分子はエネルギー的に安定な結合軌道と，より高いエネルギー準位の反結合軌道をもっていて，紫外・可視部の光子エネルギー（$h\nu$）がこのエネルギー差に一致すると光の吸収が起こり，分子は高いエネルギー状態（励起状態という）になる。この変化を「電子遷移」という。前述の様に，この遷移には電子遷移だけではなく回転・振動のエネルギー変化が含まれるが，溶液などの場合はスペクトルの広がりが大きく，回転・振動による電子遷移の微細構造はほとんどの場合観測されない。

分子内の σ 結合の電子が反結合性の軌道（σ*）へ励起される場合

を$\sigma-\sigma^*$遷移と呼び，短波長の紫外光によって起こるが，この遷移によって結合は解離する。一方，π結合の結合性軌道の電子が反結合性の軌道（π^*）へ励起される場合を$\pi-\pi^*$遷移と呼び，紫外から可視領域の光によって起こる。一般にπ結合はσ結合に付随しているので，この遷移によって結合が解離する事はない。この$\pi-\pi^*$遷移には，分子内に1個以上の2重結合もしくは3重結合を持つ必要がある。分子中の発色団にはC=OやN=N，ベンゼン環などの芳香環等の官能基があり，これらの軌道の$\pi-\pi^*$遷移によって光が吸収される。図5-4にアントラセンの吸収スペクトルを示す。芳香環の$\pi-\pi^*$遷移に基づく吸収に振動準位の変化による微細構造が見られる。カルボニル基（C=O）の場合は，2重結合と同時に非結合電子対を持つので，非結合電子対からπ^*への遷移（$n-\pi^*$遷移）が観測される。これは，$\pi-\pi^*$遷移よりエネルギーが小さく，より長波長側に弱く観測される。

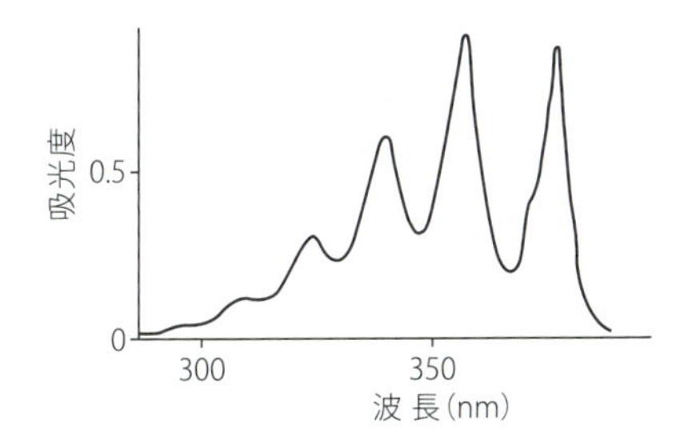

図5-4　アントラセンの紫外吸収スペクトル

さて，$\pi-\pi^*$遷移等の電子遷移によって紫外から可視部の特定の波長の光は吸収されるが，それ以外はそのまま透過する。例えば溶液が600 nm付近（赤色）の吸収を持つ場合，緑から青の光は透過するので，溶液は青色に見える。溶液などの色は吸収する光と「補色関係」にある（図5-5）。

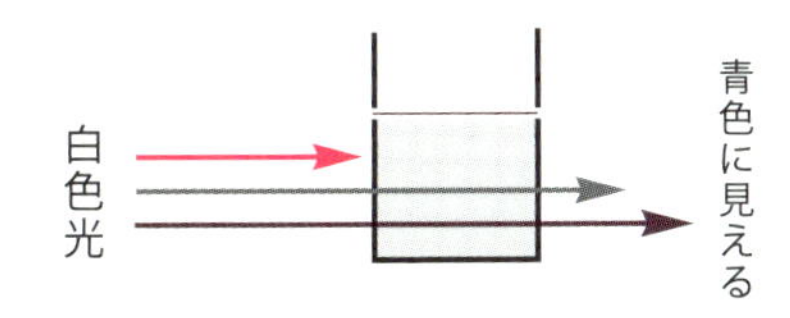

図5-5　赤を吸収する溶液は青色に見える

5-2-2 Lambert-Beerの法則

溶液における光の吸収は，溶質の濃度（c）と光が通過する距離（光路長：l）によって決まる。単位距離あたりに光が吸収されて強度が減衰する割合は濃度に比例するので，光強度は濃度と光路長の指数関

数で減衰する。入射光強度をI_0，透過してきた光の強度をIとすると

$$I = I_0 \exp(-k\,l\,c) = I_0 10^{-\varepsilon l c} \tag{5-4}$$

となる。I/I_0を透過率（T：Transmittance）という。ここで，吸光度（A：Absorbance）を次のように定義すると

$$A = -\log_{10} T = -\log_{10} I / I_0 = \varepsilon\, l\, c \tag{5-5}$$

となり，吸光度Aは，濃度と光路長に比例することになる。濃度を mol L^{-1} で，光路長を cm で表した時の比例定数εをモル吸光係数（L cm^{-1} mol^{-1}）と呼び，物質と光の波長に固有の値である。モル吸光係数εがわかっていれば，吸光度を測定することにより，溶質の濃度cを求めることができる。

5-2-3　赤外分光法

二原子分子の場合，その結合はバネにたとえられる。図 5-6 のように，原子が結合距離より小さくても大きくてもエネルギーは高くなるので，平衡点（結合距離）に戻ろうとする力が働き，原子は結合軸に沿って振動する。この振動のエネルギーE_{vib}は

$$E_{vib} = \left(v + \frac{1}{2}\right)h\nu_0 \qquad v = 0,\ 1,\ 2\cdots\cdots \tag{5-6}$$

で与えられる。ここでvは 振動の量子数で 0 から始まる整数で，ν_0は基準振動数で

$$\nu_0 = \frac{1}{2\pi}\sqrt{\frac{\kappa}{\mu}} \tag{5-7}$$

である。κは力の定数（ばね定数）で結合の強さに相当する，またμは換算質量で，2 つの原子の質量がm_1とm_2の時

$$\mu = \frac{m_1 m_2}{(m_1 + m_2)} \tag{5-8}$$

で与えられる。式（5-6）は，$v = 0$の最低エネルギー状態でも原子は静止せず振動していることを示している。

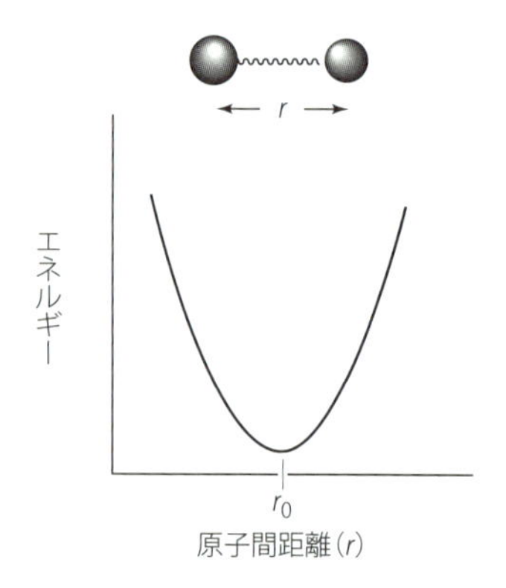

図 5-6　2 原子分子の振動とエネルギー

電磁波の吸収は式（5-6）の $\Delta v = \pm 1$ の時に起こるので，吸収される電磁波のエネルギーは

$$\Delta E = h\nu_0 \qquad (5\text{-}9)$$

となり，その振動数は ν_0 である。

この振動数に相当する電磁波は赤外線の領域にあるが，式（5-9）を満たすすべての振動が赤外線を吸収するわけではない。もう１つの条件として，分子の振動によって双極子モーメントが変化する事が必要である。例えば水素分子の場合は，振動によって結合距離が変わっても，双極子モーメントが常に０であるため，赤外線の吸収は起きない。

２原子分子の場合，振動は結合の伸縮のみであり，１種の振動しかない。しかし，３つ以上の原子で構成される分子の場合，個々の結合が独立した振動をしている訳ではなく，分子全体としての振動をしている。これを基準振動という。分子中の原子の数を n 個とすると，基準振動は直線分子の場合は $3n-5$ 個，そのほかの分子では $3n-6$ 個存在する。

水分子は $n = 3$ の非直線分子なので３つの基準振動の振動モード（a ～ c）を持つ。その振動数（波数）を図 5-7（A）に示す。この３つとも振動によって双極子モーメントが変化するので赤外線を吸収する。二酸化炭素は $n = 3$ の直線分子なので４つの基準振動の振動モード（a ～ d）を持つ（図 5-7（B））。このうち，対称伸縮振動（a）は双極子モーメントが変化しないので赤外線を吸収しない。実際に観測されるのは，660 cm^{-1} と 2350cm^{-1} の２本だけである。なお，660 cm^{-1} は地球表面から放出される赤外線と一致するので，いわゆる温室効果の一因となっている。

多くの分子の場合，置換基の質量 m_1 はその他の部分の質量 m_2 よ

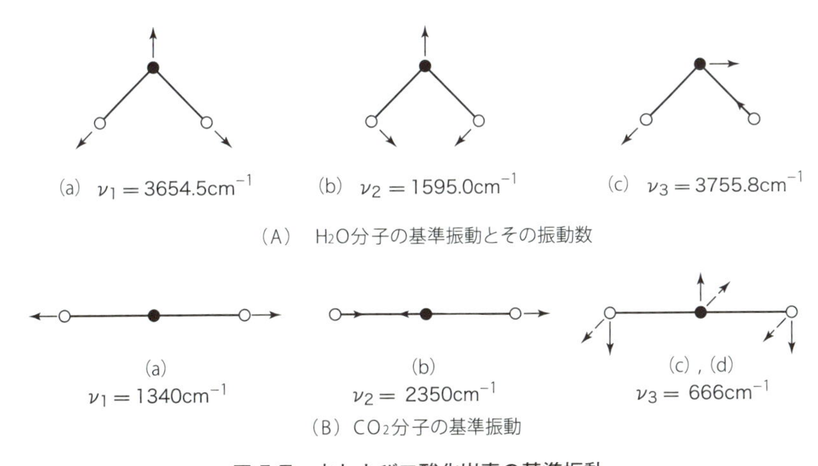

図 5-7　水および二酸化炭素の基準振動

り軽いので ($m_1<<m_2$), 式 (5-8) より $\mu \fallingdotseq m_1$ とおいてよい。したがって，この部分の振動数は置換基によって決まり，分子中の種々の原子団が特有のグループ振動数を持つことになる。図 5-8 には酢酸メチルの赤外線吸収スペクトルを，また図 5-9 には有機分子の特性基本振動数の範囲を示す。このように赤外線吸収スペクトルを用いると，分子内にどのような原子団（官能基）が存在するかを決定できる。

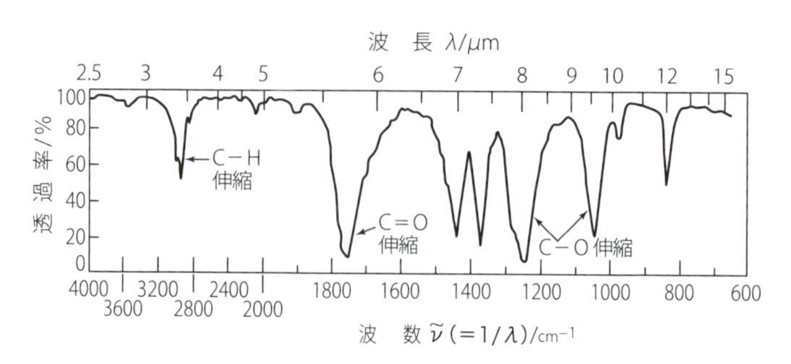

図 5-8　酢酸メチルの赤外線吸収スペクトル

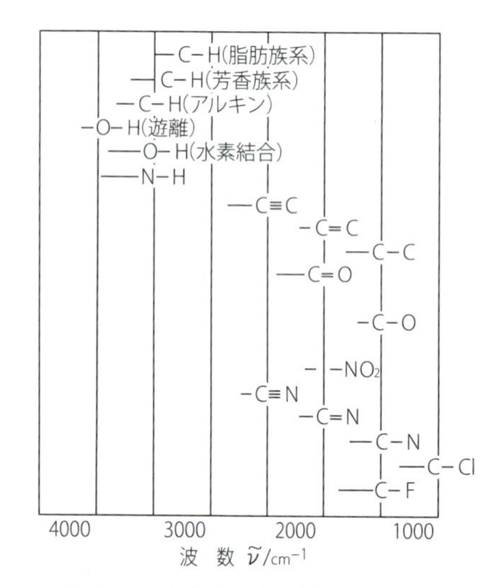

図 5-9　官能基の赤外線吸収範囲

5-2-4　マイクロ波分光

気体中の分子は振動以外に回転する事ができる。分子回転のエネルギーは量子化されており，そのエネルギー準位は直線分子の場合

$$E_{rot} = \frac{J(J+1)h^2}{(8\pi^2 I)} \qquad J = 0,\ 1,\ 2\cdots \tag{5-10}$$

で表される。ここで I は分子の回転モーメントである。2 原子分子の場合，原子の質量を m_1，m_2，原子間距離を r とすると，式（5-8）の換算質量 μ を用いて

$$I = \mu r^2 \tag{5-11}$$

である。回転エネルギー準位間の遷移は $\Delta J = \pm 1$ の間で起こり，また分子が双極子モーメントを持つ場合に限られる。したがって，吸収される電磁波の振動数 ν は

$$\nu = \frac{(J+1)h}{(4\pi^2 I)} \quad (5\text{-}12)$$

となる。この振動数は遠赤外からマイクロ波の領域にあり，$J = 0, 1, 2 \cdots$ のように等間隔にスペクトルが現れる（図5-10）。したがって，スペクトル間隔 $\Delta\nu$ と換算質量 μ から原子間距離 r が正確に求められる。

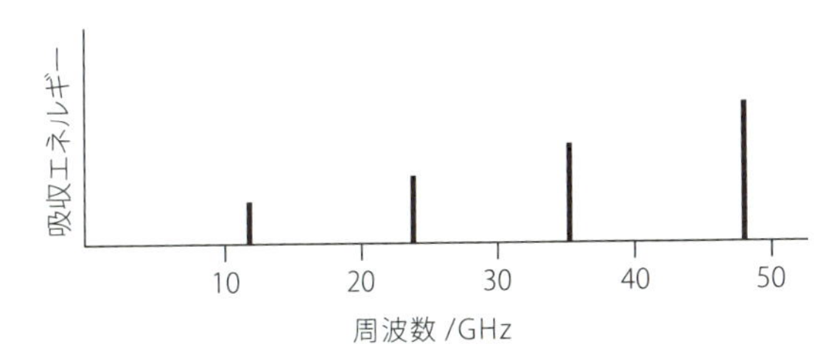

図5-10　C=S分子の回転スペクトル

5-2-5　核磁気共鳴法

原子核は電荷を持った球体と考えられるので，同位体の中には電子と同様にスピンを持ち，小さな磁石としての性質を持つものがある。これを核スピンと呼ぶ。スピンを持つものとしては ^{1}H, ^{13}C 等が天然に広く存在する代表的な核種である。この核を強い磁場中に置くと，核のスピンの状態は，「磁場と同じ向き」のエネルギーの低い状態か，「磁場と逆向き」のエネルギーの高い状態の2つに分かれる（図5-11）。両者のエネルギー差（ΔE）は，核磁気モーメント μ，磁気回転比 γ，外部磁場 H_0 から式（5-13）で与えられる。

$$\Delta E = 2\mu H_0 = \frac{\gamma h H_0}{2\pi} \quad (5\text{-}13)$$

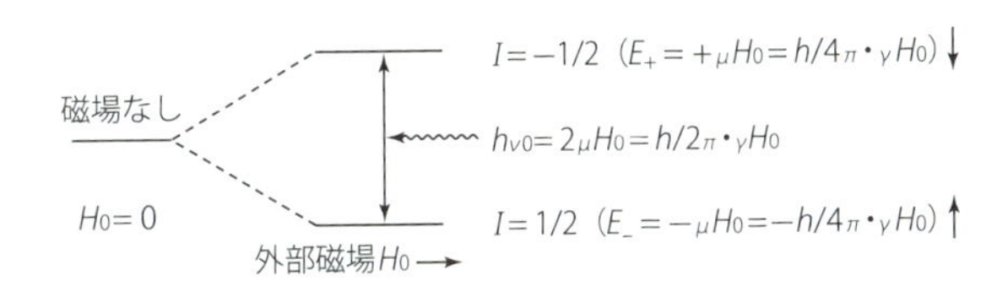

図5-11　核スピンの磁場によるエネルギー分裂

核磁気モーメント，磁気回転比は核種に固有の値である。このエネルギー差と等しいエネルギーの電磁波（$h\nu = \Delta E$）を照射すると吸収が起こる。これが核磁気共鳴（NMR）である。^{1}H の場合，$H_0 = 9.4$ T の時の共鳴周波数 ν は約400 MHzである。

有機化合物中の ^{1}H では，核のまわりに電子が存在し，磁場を遮蔽しているため，実際に ^{1}H 核が感じる有効磁場 H は外部磁場より小さい。この有効磁場は，^{1}H のまわりの環境による電子密度の違いのためそれぞれ異なり，共鳴周波数も微妙に異なる。この共鳴周波数の差をケミカルシフト（δ）と呼んでいる。（0 ～ 10 ppm 程度の差である。）

$$\delta = \frac{(\nu - \nu_{ref})}{\nu_{ref}} \times 10^6 \text{ ppm} \qquad (5\text{-}14)$$

たとえば，1, 1- ジブロモエタンには CH_3，CH の 2 種類の ^{1}H があり，これらは 2 つの異なる吸収として得られる（図 5-12）。^{1}H のピークが出現する範囲は置換基によって決まっているので，吸収位置から置換基が推定できる（図 5-13）。

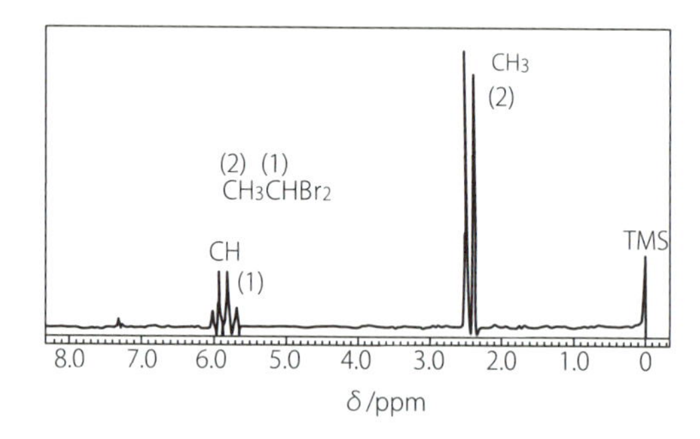

図 5-12　1,1- ジブロモエタンの ^{1}H NMR スペクトル

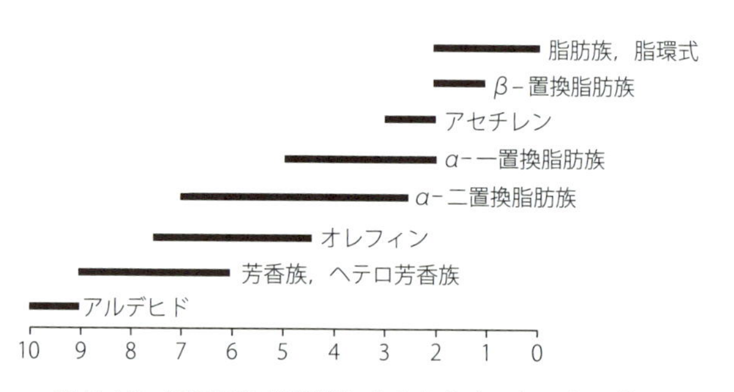

図 5-13　原子団や置換基によるケミカルシフトの範囲

また，隣り合った ^{1}H 同士の相互作用（spin-spin coupling）によりピークは分裂する。この分裂は，隣にある ^{1}H 1 個あたり 2 本に分裂するので，置換基（官能基）のつながりを決定する事ができる（図 5-12）。これにより，分子構造の解析に大きな力を発揮する。

5-2-6 X 線回折

結晶は，分子または原子が秩序正しく配列している。この配列は格子（lattice）と呼ばれている。この格子の間隔は 0.1 ～ 1 nm なので，可視光線で見ることはできない。X 線の波長は，この格子間隔と同程度なので，結晶にX線を照射すると回折・干渉が起こる。これを利用して結晶や分子の構造解析ができる。

X線は結晶の中を通過する時，原子やイオンの電子と相互作用して散乱される。結晶では原子などは規則正しく配列しているので各原子で散乱されたX線は特定の方向で干渉を起こす（図5-14）。X線が強めあう回折角度θはX線の波長λと原子の間隔dからBraggの式（5-15）で与えられる。

$$2d\sin\theta = n\lambda \qquad (n = 1, 2, 3, \cdots) \qquad (5\text{-}15)$$

したがって，X線の波長λがわかっていれば回折角度θから原子の間隔dを求める事ができる。

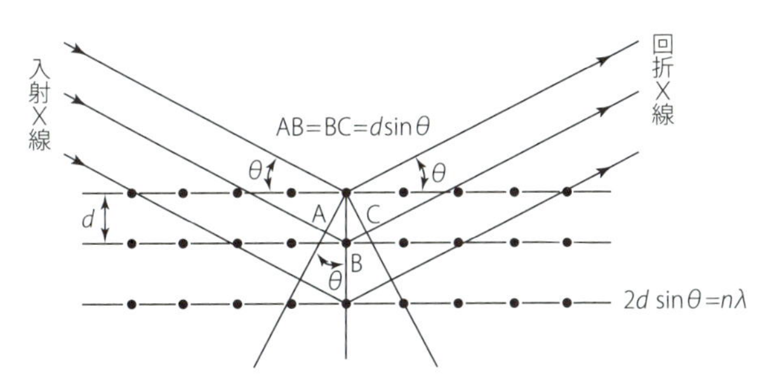

図5-14　結晶中でのX線の反射

X線の回折は主として原子中の電子によるものであり，回折の角度，強度を詳しく測定する事により，単結晶中の電子密度の座標を正確に求めることができる。電子密度の大きさで原子の位置を特定できるので分子構造を決定する事ができる（図5-15）。

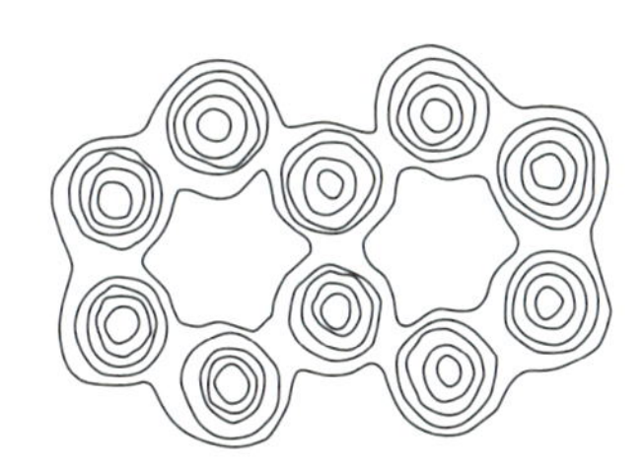

図5-15　X線回折で求めたナフタレンの電子密度

5-3　固体の構造と性質

5-1で述べたように物質の構造に関する情報は，種々のスペクトルから得ることができる。基本的に固体は結晶からなる。結晶には，「イオン結晶」「共有結合結晶」「分子結晶」「金属結晶」などがあり，それぞれ，原子やイオン，分子の間の相互作用によって決まる。

5-3-1 イオン結晶

正・負のイオンより構成されるイオン性化合物は，結晶を形成すると，正・負イオン（原子）間の静電引力よる強い相互作用が働く。そのため，室温では固体であり，融点は高い。結晶構造は，正イオンと負イオンが交互に三次元的に並んでいる。イオン結晶の構造にはNaCl 型，閃亜鉛鉱型，CsCl 型などがある。

イオン結晶の構造は主として，正負イオンのイオン半径の比によって決まる。多くの塩では正イオンの方が負イオンより小さいので，負イオンの隙間に正イオンが存在する形が多い（図 5-16）。正イオンと負イオンの構成比が 1：1 の場合の半径の比（r^+/r^-）と結晶構造の関係を表 5-1 に示す。それぞれのイオンはできるだけ多くの反対符号のイオンに取り囲まれた方が安定である。また，反対符号のイオンはできるだけ近づき，同符号のイオンは離れるように配置する。

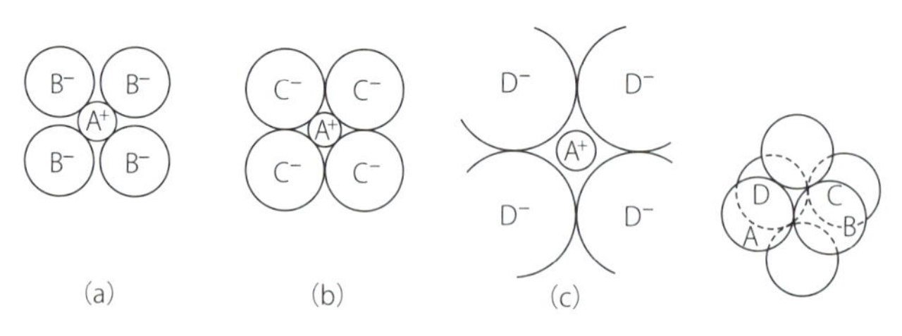

図 5-16　イオンの配列と半径比の限界

(a) $\dfrac{r^+}{r^-} > 0.41$　(b) $\dfrac{r^+}{r^-} = 0.41$　(c) $\dfrac{r^+}{r^-} < 0.41$

表 5-1　配位数と半径比

配位数	形	極限半径比 r^+/r^-	例
3	三 角 形	0.15 ~ 0.22	
4	正 四 面 体	0.22 ~ 0.41	閃亜鉛鉱　0.40
4	正 方 形	0.41 ~ 0.73	
6	正 八 面 体	0.41 ~ 0.73	塩化ナトリウム　0.52
8	体心立方体	0.73 ~ 1	塩化セシウム　0.93
12	最 密 充 填	1	

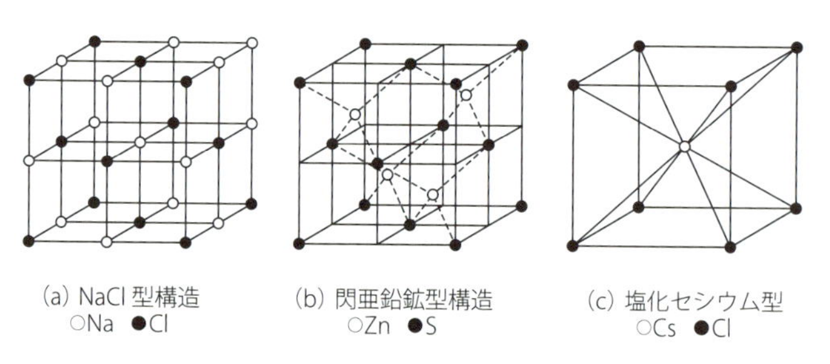

図 5-17　イオン結晶の構成

図 5-17 に塩化ナトリウム，閃亜鉛鉱，塩化セシウムの結晶構造を示す。

5-3-2 共有結合結晶

原子同士が共有結合を形成して結晶を構成しているものを「共有結合結晶」という。これには（1）三次元巨大分子，（2）二次元層分子からなる層状結晶，（3）一次元鎖状分子からなる結晶，に分類される。

三次元巨大分子の代表例は図 5-18 に示すダイヤモンドである。すべての炭素原子は sp^3 型の正四面体型混成軌道をとり，隣の炭素原子がすべて σ 結合で結ばれ，全体が 1 つの分子となっている。このため骨格は非常に強固であり，融点も高く，また非常に硬く，電気を通さない（絶縁体）。同様な構造を持つ物には，ケイ素，炭化ケイ素（カーボランダム），石英などがある。

炭素にはダイヤモンド以外の同素体としてグラファイト（黒鉛）があり，二次元層状構造をとる。この炭素原子は，ベンゼンと同様の sp^2 混成軌道により 6 角形が無限につながった層を形成する。層同士はファンデルワールス力が働いて結晶を形成している。層内の炭素原子の $2p_z$ 軌道は共役の 2 重結合を形成し，π 電子は層内を自由に動くことができる。このため層平面方向の電気伝導度は大きいが，層に垂直方向の伝導度は小さい。

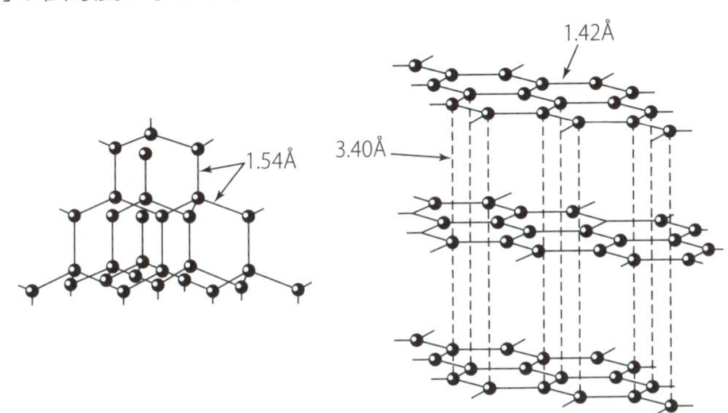

図 5-18　ダイヤモンド（左）とグラファイト（右）の構造

5-3-3 分子結晶

一般の分子は，分子内で原子価が満たされているため，分子間には通常の結合は存在しない。しかし，すべての分子（原子）間にはファンデルワールス力という弱い相互作用（引力）が働き，このエネルギーは分子間距離の 6 乗に反比例する。また，分子量が大きくなるとその力も大きくなり，さらに分子が極性を持っていると，その力はもっと大きくなる。したがって，メタン系炭化水素などの非極性分子でも冷却すると凝集して結晶になり，分子量とともに融点は高くなる。このような結晶は，一般的に，融点は低く，比較的軟らかい。

表 5-2　分子結晶の融点と融解熱

化合物	融　点	融解熱
メタン	−182.5℃	0.94 kJ mol^{-1}
エタン	−183℃	2.86 kJ mol^{-1}
ベンゼン	5.5℃	9.8 kJ mol^{-1}
ヨウ素	113.7℃	15.5 kJ mol^{-1}

5-3-4 金属結晶

金属の固体では，構成する原子は規則正しく配列している。しかし，原子同士はイオン結合や共有結合のような強い結合で結合しているわけではないが，価電子が結晶中を自由に動き回ることによる，いわゆる金属結合により原子同士が結びついている。この結晶中の自由に動くことができる電子を自由電子という。金属は一般的に（1）表面は光沢を持つ。（2）電気伝導性が良い。（3）延性・展性に富む。

金属結合は方向性を持たないので，結晶中の金属原子はなるべく隙間がないように配列する。最密充填構造としては，図 5-19 のような六方最密充填や面心立方充填構造があり，最密構造ではないが，体心立方構造や，単純立方構造なども存在する。

表 5-3　金属の結晶構造

1　最密六方格子
2　面心立方格子
3　体心立方格子
4　単純立方格子

Li 3,1	Be 1												
Na 3,1	Mg 1											Al 2	
K 3	Ca 2,3	Sc 1	Ti 1,3	V 3	Cr 3	Mn 4	Fe 3,2	Co 1,2	Ni 2	Cu 2	Zn 1	Ga	Ge
Rb 3	Sr 2.3	Y 1	Zr 1,3	Nb 3	Mo 3	Tc 1	Ru 1	Rh 2	Pd 2	Ag 2	Cd 1	In	Sn
Cs 3	Ba 3	La 1,2	Hf 1,3	Ta 3	W 3	Re 1	Os 1	Ir 2	Pt 2	Au 2	Hg	Tl 1	Rb 2

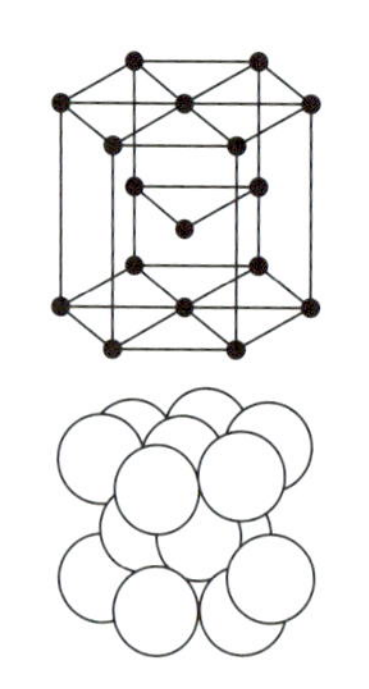
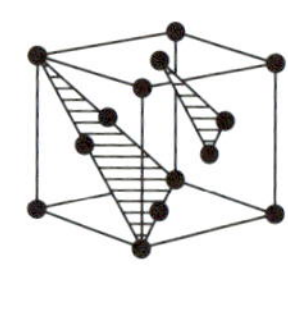
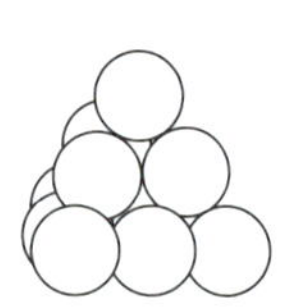

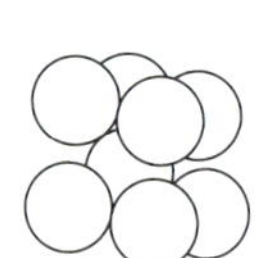
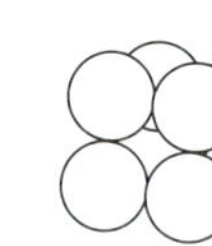

1　最密六方構造
（注：この図は単位格子 3 個分を示している。）
2　面心立方構造
3　体心立方構造
4　単純立方格子

図 5-19　金属結晶の単位格子

章末問題

1）^{12}CO の回転スペクトルの吸収帯の波数間隔は 3.85 cm^{-1} である。回転モーメント（I），換算質量（μ），CO の原子間距離（r）を計算せよ。

2）H_2（4160 cm^{-1}），HD（3632 cm^{-1}），D_2（2994 cm^{-1}）の力の定数（κ N m^{-1}）を求めよ。

3）イオン結晶，分子結晶，金属結晶，および共有結合結晶の特徴と性質の違いを述べよ。

4）吸光光度法において，透過光の強度 l が式（5-4）に従うことを説明せよ。

5）NaCl の結晶において，もっとも近い２つの Na^+ 間の距離と，２つの Cl^- 間の距離を求めよ。この距離と各イオン半径を比較し，イオン同士が接触しているかについて考察せよ。なお，NaCl 結晶のモル質量は 58.44 g mol^{-1}，密度は 2.18 g cm^{-3} であり，Na^+ と Cl^- のイオン半径はそれぞれ 0.102 nm，0.181 nm である。

第6章　物質の三態

分子が集まって集合体（物質）を形成すると，分子1個の持つ性質とは異なったマクロな性質を示すようになる。ここでは，この物質のマクロな性質について述べる。

一般には，物質は，固体，液体，気体の3つの状態を持ち，これらをそれぞれ「固相」，「液相」，「気相」という。物質がどの状態をとるかは温度と圧力によって決まり，また，温度と圧力を変える事によって相互に変換する事ができる。この変化のことを「相変化」という。

6-1 気　　体

気体は，容器などの仕切りで囲われていないと拡散してしまう。また，すべての気体は，反応を起こさない限り，どのような割合でも混ぜあわせることができる。

物質のマクロな性質は，温度（T），圧力（P）と体積（V）の3つの変数で表される。固体や液体の場合は，温度や圧力を変えても，その体積はあまり変化しないが，気体の場合，体積変化が非常に大きいという特徴がある。これは，気体分子の分子間相互作用が固体や液体に比べて小さいためである。 気体の持つこれら3つの変数は，状態方程式によって記述できる。

ボイル（1602）によって見いだされた，「一定の温度（T_1）では気体の体積（V）は圧力（P）に反比例する」という法則（ボイルの法則）は，次式で表される。

$$PV = k \qquad (k\text{は一定}) \qquad (6\text{-}1)$$

また，体積（V）と温度（T）については，シャルル（1787）によって見いだされたシャルルの法則がある。一定圧力（P_1）では，0℃における体積をV_0とすると，摂氏温度tでの体積Vは，次式の関係がある。

$$V = V_0(1+a\cdot t) \qquad (6\text{-}2)$$

aの値は約1/273である。この法則をシャルルの法則という。現在aの値は1/273.15と決められている。式（6-2）は，−273.15℃で体積が0となることを示している。この温度を0としたのが絶対温度T（absolute temperature）であり，$T = 273.15 + t$である。絶対温度Tを使うと，シャルルの法則は「一定圧力下では気体の体積は絶対温度に比例する」となる。ボイルの法則とまとめると式（6-3）となる。

$$PV = kT \qquad (6\text{-}3)$$

kの値は気体の量に比例するので，気体1 molあたりの値として気体

定数 R に，また物質量を n モルとすると式（6-3）は

$$PV = nRT \qquad (6\text{-}4)$$

となる。しかし，実際の気体は，温度を下げたり，圧縮すると液体となり式（6-4）には従わなくなる。したがって，この式は理想気体の状態方程式という。

6-2 気体の分子運動論

気体では分子がランダムな運動をしており，容器の壁で跳ね返されている。このような分子の運動を基に式（6-4）の状態方程式を眺めてみる。

まず，一辺の長さが l である立方体の容器中に分子を閉じ込めておく。問題を簡単にするために次の仮定をする。

（1）分子間の衝突，および，分子が壁に衝突する時は完全弾性的である。

（2）分子間の相互作用（引力・反発力など），および，分子と壁との間の相互作用を無視する。

（3）分子の大きさは容器に比べて無視できる。

これを満たす気体を理想気体といい，現実には存在しないが，低圧のヘリウムガスがこれに近い挙動をとる。

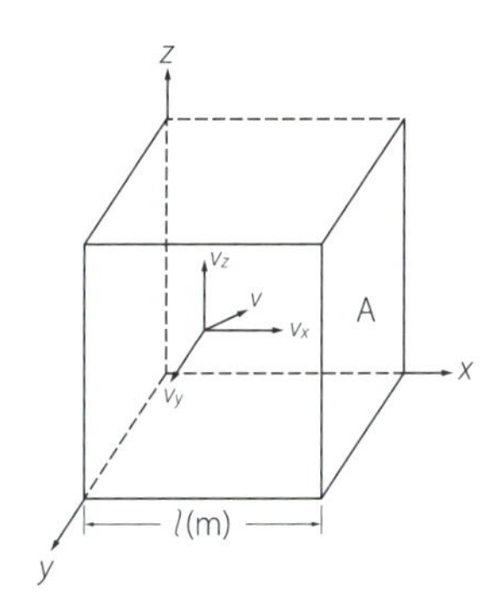

図 6-1　容器中の分子の運動

簡単のために質量 m の分子が x 軸方向に速度 v_x で運動している場合を考えると，分子は yz の壁 A に衝突し跳ね返され，その後反対側の壁に跳ね返されて戻ってくるという運動を繰り返している。分子の運動量は mv_x であるが，衝突により $-mv_x$ となるので，壁は $2mv_x$ の運動量変化を受ける。一方，この分子は，1 秒間に $v_x/2l$ 回衝突するので，1 秒間の運動量変化は $2mv_x \cdot v_x/2l = mv_x^2/l$ となる。これが 1 個の分子が壁 A に及ぼす力となる。N 個の分子を考えるときそれらの運動はランダムなので，v_x^2 は平均値を用いる必要がありそれを $<v_x^2>$ とする。壁 A には $m<v_x^2>N/l$ の力がかかるので，圧力（P）は

単位面積あたりの力なので

$$P = \frac{m\langle v_x^2\rangle N/l}{l^2} = \frac{m\langle v_x^2\rangle N}{l^3} = \frac{m\langle v_x^2\rangle N}{V} \tag{6-5}$$

となる。気体分子は x 軸方向だけではなく y，z 方向にも運動しているので分子の速度 v は

$$v^2 = v_x^2 + v_y^2 + v_z^2 \tag{6-6}$$

の関係がある。その平均値は

$$\langle v^2\rangle = \langle v_x^2\rangle + \langle v_y^2\rangle + \langle v_z^2\rangle \tag{6-7}$$

となる。ここで，運動の方向はランダムであり統計的な偏りはないので，$\langle v_x^2\rangle = \langle v_y^2\rangle = \langle v_z^2\rangle$ である。したがって，$\langle v_x^2\rangle = \langle v^2\rangle/3$ なので

$$P = \frac{m\langle v^2\rangle N}{3V} \tag{6-8}$$

すなわち

$$PV = \frac{m\langle v^2\rangle N}{3} \tag{6-9}$$

となる。分子の平均運動エネルギー E_{trans} は，$E_{\mathrm{trans}} = m\langle v^2\rangle/2$ で与えられるので

$$PV = \frac{2E_{\mathrm{trans}}N}{3}$$

の関係が得られる。これを式（6-4）と比べると，1 mol の物質にはアボガドロ数 N_{A} の分子が存在するので

$$\frac{2E_{\mathrm{trans}}N_{\mathrm{A}}}{3} = RT \tag{6-10}$$

より，1分子の持つ並進エネルギーの平均の値は

$$E_{\mathrm{trans}} = \frac{3RT}{2N_{\mathrm{A}}} = \frac{3\,k_{\mathrm{B}}T}{2} \tag{6-11}$$

となる。ここで k_{B} はボルツマン定数と呼ばれ，$k_{\mathrm{B}} = R/N_{\mathrm{A}}$ で，1分子あたりの気体定数である。

式（6-11）は，気体分子の並進運動エネルギーは分子量によらず，絶対温度に比例することを示している。しかし，温度は分子の運動の激しさを数値に表したものとも言えるので，式（6-11）が逆に温度の意味にもなっている。

式（6-9）から，ある温度での分子の平均の速度（平均2乗速度の平方根）が次の式で与えられる。

$$\sqrt{\langle v^2\rangle} = \sqrt{\frac{3RT}{mN_{\mathrm{A}}}} = \sqrt{\frac{3RT}{M}} \tag{6-12}$$

M は分子1モルあたりの質量（モル質量（分子量））である。25℃における窒素と水素の $\sqrt{\langle v^2\rangle}$ はそれぞれ 515 m s^{-1}，1930 m s^{-1} である。

図6-2に酸素分子の速さ分布と温度の関係を示す。これには最多確率速度 v_{max}，単純平均速度 $\langle v \rangle$，平均2乗速度の平方根 $\sqrt{\langle v^2 \rangle}$ を示す。これらの比率はマックスウェル・ボルツマンの理論から $\sqrt{\langle v^2 \rangle}$: $\langle v \rangle$: v_{max} = 1 : 1.125 : 1.225 である。分布の極大 v_{max} は，温度の上昇とともに増大する。

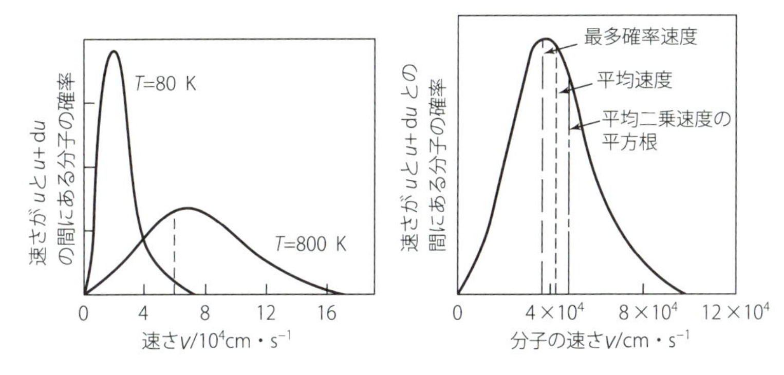

図6-2　酸素分子の速さ分布と温度の関係

6-3 気体の液化

前節では理想気体について述べたが，実在の気体の分子には大きさがあり，また分子間の相互作用（引力等）も無視できない。実在気体の PV の値の圧力依存性は図6-3に示すように高圧・低温になるにつれ理想気体から大きくずれてくる。

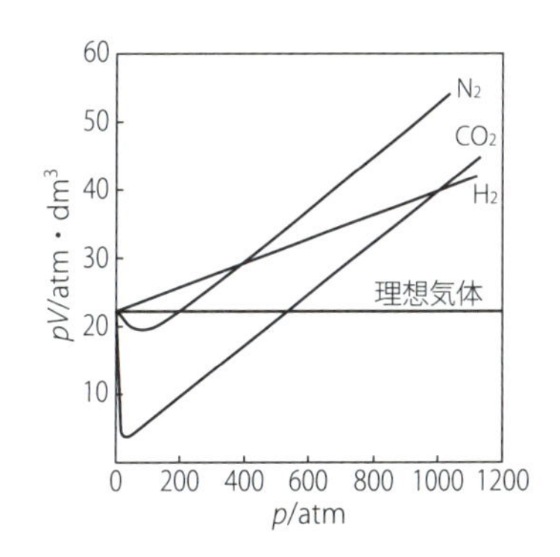

図6-3　理想気体からのずれ

この分子の大きさと分子間の相互作用を考慮に入れた状態方程式はファンデルワールスによって次式のように示された。

$$\{P + a(n/V)^2\}(V - nb) = nRT \qquad (6\text{-}13)$$

ここで，a，b は気体に固有の定数であり，$a(n/V)^2$ は分子間の引力（ファンデルワールス力）による補正，nb は分子の体積による補正である。これらの値は表6-1に示しファンデルワールス定数と呼ばれる。

表 6-1　ファンデルワールス定数

気　体	a/Pa m^6 mol^{-2}	b/m^3 mol^{-1}	沸点℃
H_2	2.44×10^{-2}	2.66×10^{-5}	−252.8
He	3.41×10^{-3}	2.37×10^{-5}	−269
N_2	1.39×10^{-1}	3.91×10^{-5}	−195.8
O_2	1.36×10^{-1}	3.18×10^{-5}	−183
CO_2	3.59×10^{-1}	4.27×10^{-5}	
H_2O	5.46×10^{-1}	3.05×10^{-5}	100

図 6-4 には 1 mol の CO_2 の P-V 曲線を温度ごとに示している。温度が低いときには圧縮に伴って B-F のように圧力一定の区間があり，そこでは液化が起こっている。式（6-13）では，この区間には極大値 C と極小値 E を持つが，実際は B-F の直線となっている。温度が高くなると，B 点と F 点は近づき，ある温度 Tc で一致する（K 点）。この温度を超えると液化が起こらなくなる。この Tc を臨界温度，そのときの圧力と体積をそれぞれ臨界圧 Pc，臨界体積 Vc と呼ぶ。式（6-13）では

$$T_c = \frac{8a}{27bR},\quad P_c = \frac{a}{27b^2},\quad V_c = 3b \tag{6-14}$$

の場合に相当する。臨界温度 Tc より高い温度では気体と液体の区別がなく，また，臨界圧 P_c より高い圧力では，蒸発熱は 0 となり沸騰は起こらない。

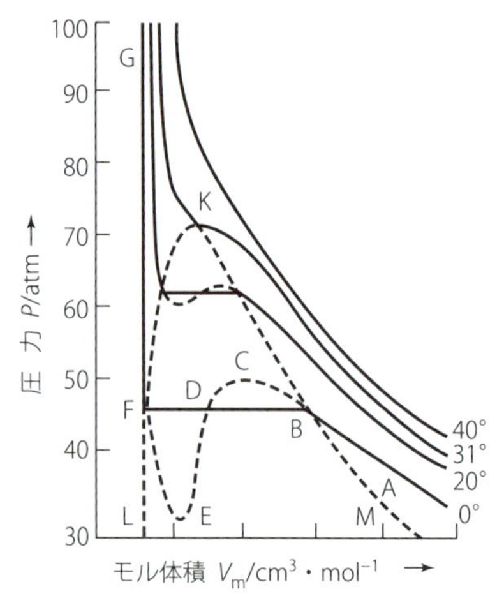

図 6-4　二酸化炭素の P-V 曲線

表6-2　臨界定数

気　体	T_c/℃	P_c/MPa	V_c/cm^{3}mol^{-1}
H_2	−239.9	1.316	63.8
He	−267.9	0.227	57.5
N_2	−147.0	3.40	89.2
O_2	−118.6	5.043	73.4
CO_2	31.1	7.38	94.4
H_2O	374.15	22.12	57.1

6-4 液　　体

液体では，分子の配列は無秩序で，ある程度自由に運動できるが，気体と異なり分子同士は接触し分子間力は強く働いている。液体の圧力による体積変化は小さい。

液体を真空密閉容器に入れると，液体は蒸発するが，気相の圧力が高くなるので次第に蒸発の速度は遅くなり，最後に蒸発は止まる。この時点では蒸発と凝縮の速度が等しくなり，見かけ上変化が起こらない状態，つまり平衡状態となっている。この時の蒸気の圧力を飽和蒸気圧または単に蒸気圧という。蒸気圧は物質固有の値で，温度の上昇によって増加する（図6-5）。

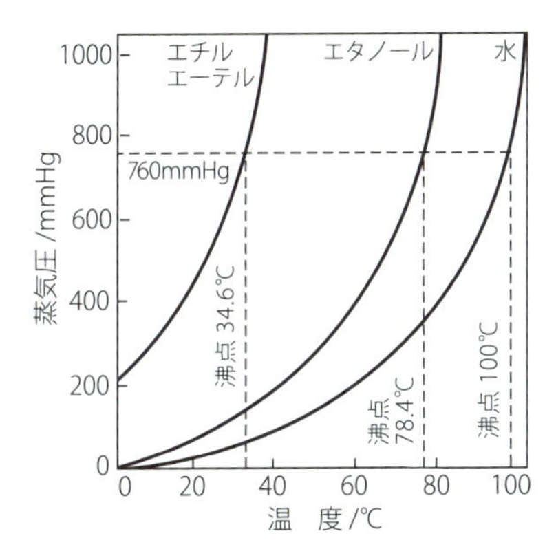

図6-5　蒸気圧の温度依存性

液体（液相）が純粋であれば気体には何が混ざっていても蒸気圧（この場合は分圧になる）は変わらない。液体の蒸気圧の温度変化はクラウジウス・クラペイロンの式で表される。

$$\frac{dP}{dT} = \frac{\Delta H_{vap}}{T(V_g - V_l)} \tag{6-15}$$

ΔH_{vap} は液体 1 mol の蒸発熱，V_g，V_l はそれぞれ気体，液体のモル体積である。$V_g > V_l$ であるので，温度の上昇によって蒸気圧も上昇する（図6-5）。

液体を大気中におくと，表面から蒸発が起こる。温度を上げて飽和蒸気圧が大気圧と等しくなると，液体の内部からも蒸発が起こり蒸気の泡がでる。これが沸騰である。この逆の現象を凝縮という。この相変化の温度を沸点（boiling point）という。したがって，液体に加えている圧力を図 6-5 の蒸気圧曲線の蒸気圧とすれば，そのときの沸点を知ることができる。表 6-3 に種々の物質の沸点 T_b とモル蒸発熱 ΔH_{vap} を示す。

表 6-3　物質の沸点（T_b）とモル蒸発熱（ΔH_{vap}）

物　質	T_b /K	ΔH_{vap} /kJ mol^{-1}	ΔH_{vap} /T_b
Methane	111.76	8.18	0.0732
Carbon Tetrachloride	349.9	30.0	0.0857
Methanol	337.9	35.27	0.1044
Ethanol	351.7	38.6	0.1098
Water	373.15	40.66	0.1090
o-Xylene	417.56	36.8	0.0881
Hydrogen Chloride	188.11	16.2	0.0861

6-5　固　　体

物質を冷却すると，構成粒子（分子など）の運動エネルギーが減少し，粒子間の相互作用が相対的に大きく流動性がなくなり，最後に固体となる。食塩や金属など多くの固体は結晶という一定の構造を持っている。このため一定の体積と形を保っている。固体の温度を上昇すると，ある温度で液体に変化する。これを融点といい，物質に特有の値である。一方，ガラスやプラスティックなどは，温度の上昇により徐々に軟らかくなり液体へと変化し，一定の融点を持たない。このような固体を無定型固体（アモルファス：amorphous solid）という。無定型固体は，融解した状態から冷却するとき結晶となる前に固化したものである。内部構造は液体状態であるが，非常に粘度が高く形状が変化できない状態となっている。一方，液晶と呼ばれる物質は，液体と固体（結晶）の両方の性質を持っているもので，ある特定の方向にだけ秩序正しく並んでいるが，それとは別の方向には液体のように無秩序な構造を持っている。したがって流動性を持ちながら，結晶に近い性質も持っている。

6-6　固体の昇華と融解

固体から直接気体になる現象を昇華という。固体も液体と同様にその温度に対して一定の蒸気圧を持っている。固体の蒸気圧の温度変化もクラウジウス・クラペイロンの式で表される。

$$\frac{dP}{dT} = \frac{\Delta H_{sub}}{T(V_g - V_s)} \quad (6\text{-}16)$$

ΔH_{sub} は固体 1 mol の昇華熱，V_g，V_s はそれぞれ気体，固体のモル体積である。$V_g > V_s$ であるので，温度の上昇によって蒸気圧も上昇する。

一方，固体が液体に相変化する事を融解といい，この逆の現象を凝固という。純粋な物質の場合，圧力が一定であればこの相変化の温度は一定であり，これを融点という。融解に必要な熱量を融解熱といい，凝固のときに放出される熱量に等しい。

融点の圧力変化も，次のクラウジウス・クラペイロンの式で表される。

$$\frac{dT}{dP} = \frac{(V_l - V_s)\,T}{\Delta H_{fus}} \quad (6\text{-}17)$$

ΔH_{fus} は固体 1 mol の融解熱，V_l，V_s はそれぞれ液体，固体のモル体積である。一般に融解による体積変化（$V_l - V_s$）は小さく融点に対する圧力の影響は小さい。また，ほとんどの場合 $V_l > V_s$ であるので，圧力の上昇によって融点も上昇する（図 6-6）。しかし，水，アンチモンなどの一部の物質は液相の体積の方が小さい（$V_l < V_s$）ので，圧力を加えると融点が下がる。

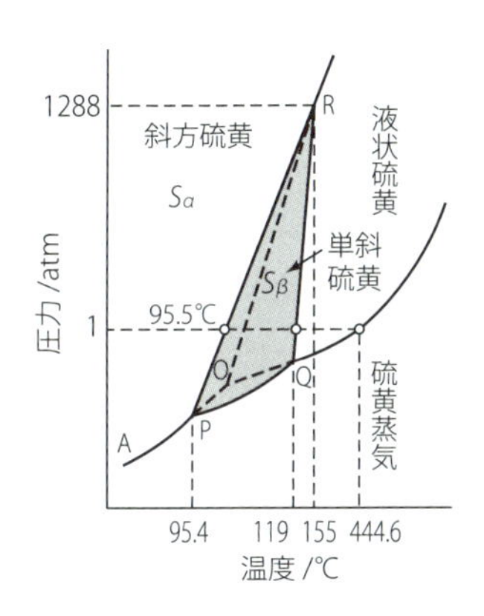

図 6-6　硫黄の融点と圧力の関係

6-7　状　態　図

状態図は，物質の融点，沸点，昇華温度などの圧力依存性を図に表したものである。図 6-7 に水の状態図を示している。それぞれの領域は「相」と呼んでいる（S）の相は固体を，（L）の相は液体を，（G）の相は気体を示している。O-B の線は圧力と融点の関係を表しており，1 気圧の点 L は，水の融点が 0℃（273.15 K）であることを示している。水の場合 $V_l < V_s$ なので，式（6-17）より $dT/dP < 0$ となるので圧力の上昇とともに融点は減少する。同様に O-C の線は，圧力と沸点の関係を示している。C 点は臨界温度（T_c）である。ファンデルワールスの

状態方程式で示したように臨界温度より高温では，水は液体と気体の区別がなくなるのでC点より右には沸点は存在しない。O-Aの線は圧力と昇華温度の関係を示している。この3つの線が交わった点Oは三重点と呼び，この圧力，温度は物質に固有の値である。水の場合，この温度は273.16 Kであり，温度の定義でもある。なお，0℃は273.15 Kと定義されており，厳密には水の融点ではない。

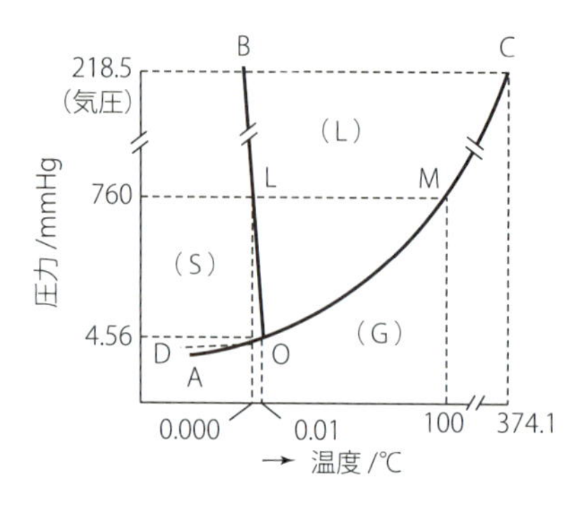

図6-7　水の状態図

章末問題

1) 理想気体の0℃と25℃において，分子1個の持つ運動エネルギーを求めよ。また，分子1 molの運動エネルギーもそれぞれ求めよ。

2) 表6-1のファンデルワールス定数を用いて酸素と二酸化炭素の臨界温度（Tc）と臨界圧（Pc）を計算で求めよ。

3) 0℃の氷に20気圧の圧力をかけたとき融点は何度下がるか。式（6-17）を用いて計算せよ。ただし融解熱 $\Delta H_{fus} = 6.01\ \mathrm{kJ\ mol^{-1}}$，$V_1 - V_s = -1.62 \times 10^{-6}\ \mathrm{m^3\ mol^{-1}}$ とする。

4) −20℃の氷を0.001気圧に保った減圧容器に入れ，徐々に加熱するときの，氷の挙動を説明せよ。

章末問題の解答　　第１章

1）自然界に起こる現象を観察したり，実験を積み重ねることによって多くの事実を知る。これらの事実に共通する事柄を抽出し記述することによってその法則が確立される。例えばラボアジェは，すべての物質を閉じ込めたまま化学反応を起こし，反応の前後で変化に関係する物質の質量を天秤で測定し，その総和は変らないことを多くの実験から確かめた。この実験事実から質量保存の法則が確立された。

2）化学の基本法則には，次のものがある。質量保存の法則，定比例の法則，原子説，倍数比例の法則，気体反応の法則，分子説である。これらの法則は，物質が原子および分子から構成されているという化学の基本的な考え方を構築するうえで非常に重要な法則であることから，化学の基本法則となっている。

3）元素の相互変換の考えやそれに基づく錬金術を否定し，物質の本質を固有で不変の粒子である原子の集合体と考える近代的，科学的学問としての化学の基礎を築いた。

4）錬金術の目指した卑金属を貴金属に変えることや，不老長寿の薬を発明することには失敗したが，それらの研究を進める過程で，濾過や蒸留など様々な化学的手法や酸，塩基などの試薬類，また化学の実験に欠かせない実験器具やガラス器具などを生み出し，実験科学としての化学の基礎を築くことに寄与した。

章末問題の解答　第２章

１）

a）標識化合物：分子中の特定の原子をその同位体で置き換えた化合物。
化学反応や生物の代謝などでの化学的な性質はほとんど変わらない。
元の分子が化学反応や代謝で，どこに行ったのかは，その同位体を追跡する事によってわかる。同位体を追跡するには，放射性同位体であれば，それより発する放射線を検出する。放射性でなければ，質量分析装置などを使う。

b）α 崩壊と β 崩壊：放射性の原子は，核が崩壊する時にヘリウムの原子核（^{4}He：α 線）を放出し，質量数が 4 減り，原子番号が 2 減る。これを α 崩壊という。
　また，核が崩壊する時に電子（β 線）を放出するものもある。この場合，質量数は変わらず，原子番号が 1 増加する。これを β 崩壊という。

c）α 線：ヘリウムの原子核（^{4}He）であり，物質に対する透過力は小さい。正の電荷を持っているため，電場や磁場でその進行方向が曲げられる。
β 線：運動エネルギーを持った電子であり，物質に対する透過力は比較的大きい。負電荷を持っているため，電場や磁場でその進行方向が曲げられる。
γ 線：高エネルギーの電磁波である。物質に対する透過力は非常に大きい。電荷を持たないため，電場や磁場では進行方向は変わらない。

d）ベクレルとシーベルト：ベクレル（Bq）は放射能の量を表す単位の 1 つであり，1 秒間に 1 つの原子核が崩壊して放射線を放つ放射能の量を 1 ベクレル（Bq）と言い，s^{-1} の次元を有する。
一方，シーベルト（Sv）は放射能の生体への影響を表す単位であり，物質 1kg が 1 ジュールの放射能を吸収した時の線量である 1 グレイ（Gy）に生体への影響の度合いを示す放射線加重係数をかけたもので J/kg の次元をもつ。

2）^{238}U の原子核の質量は　238.05078 g mol^{-1}
^{234}Th の原子核の質量は　234.04359 g mol^{-1}
^{4}He の原子核の質量は　4.00260 g mol^{-1}

$$^{238}U \longrightarrow {}^{234}Th + {}^{4}He$$

の崩壊で減少する質量 ΔM は原子量単位で

$$\Delta M = 238.05078 - 234.04359 - 4.00260 = 0.00459 \text{ g mol}^{-1}$$

したがって放出されるエネルギー E は

$$E = \Delta M c^2 = 0.00000459 \times (2.998 \times 10^8) = 4.13 \times 10^{11} \text{ J mol}^{-1}$$

$$= 4.28 \text{ MeV}$$

となる。

3）^{226}Ra の崩壊定数は $\lambda = 1.372\times10^{-11}\ s^{-1}$ である。式（3-8）より

寿命 T は

$$T = \frac{1}{\lambda} = \frac{1}{1.372 \times 10^{-11}} = 0.729\times10^{11}\ s = 843750\ day = 2310\ y$$

4）^{137}Cs の半減期が 30 年であることから，この時の崩壊定数 λ は

$\lambda = \dfrac{0.6931}{t_{1/2}}$ より求めることができる。一方，$\dfrac{N}{N_0} = e^{-\lambda t}$

より，$\dfrac{100}{10000} = e^{-\lambda t}$，　対数をとると，$-\ln\left(\dfrac{1}{100}\right) = \lambda t$

$$t = \ln 100 \cdot \frac{1}{\lambda} = -4.605 \text{ x } \frac{30}{0.6931} = 199.3$$

199.3 年，ほぼ 200 年かかることになる。

5）$^{14}C/^{12}C$ の減少割合（N/N_0）は

$$\frac{N}{N_0} = \frac{2\times10^{-14}}{1\times10^{-12}} = 2\times10^{-2}$$

一方，式（3-6）より

$$\frac{N}{N_0} = e^{-\lambda t}$$

^{14}C の崩壊定数 λ は $1.2096\times10^{-4}\ y^{-1}$（半減期 5730 年）であるので切り倒されてからの経過時間は

$$t = -\frac{1}{\lambda} \cdot \ln\frac{N}{N_0} = \frac{1}{1.2096\times10^{-4}} \cdot 3.912 = 3.23\times10^{4}\ y$$

章末問題の解答　第3章

1）

a)　$\lambda = 600\ \mathrm{nm} = 6.00 \times 10^{-7}\ \mathrm{m}$

振動数 ν は，$\nu = \dfrac{c}{\lambda} = \dfrac{2.998 \times 10^{8}}{6.00 \times 10^{-7}} = 5.00 \times 10^{14}\ \mathrm{s^{-1}}$

波数 $\tilde{\nu}$ は波長の逆数なので，$\tilde{\nu} = \dfrac{1}{\lambda} = \dfrac{1}{6.00 \times 10^{-7}} = 1.67 \times 10^{6}\ \mathrm{m^{-1}}$

エネルギー E は，$E = h\nu = (6.626 \times 10^{-34}) \times (5.00 \times 10^{14})$

$= 3.30 \times 10^{-19}\ \mathrm{J}$

また，$1\ \mathrm{eV} = 1.602 \times 10^{-19}\ \mathrm{J}$ なので，光のエネルギーを eV に換算すると，$E = 3.3 \times 10^{-19}\ \mathrm{J} = 2.06\ \mathrm{eV}$

b)　$\nu = 1.2 \times 10^{15}\ \mathrm{s^{-1}}$

波長 λ は，$\lambda = \dfrac{c}{\nu} = \dfrac{2.998 \times 10^{8}}{1.2 \times 10^{15}} = 2.50 \times 10^{-7}\ \mathrm{m} = 250\ \mathrm{nm}$

エネルギー E は，$E = h\nu = (6.626 \times 10^{-34}) \times (1.2 \times 10^{15})$

$= 8.00 \times 10^{-19}\ \mathrm{J} = 5.00\ \mathrm{eV}$

c)　振動数 $1.2 \times 10^{15}\ \mathrm{s^{-1}}$ の光のエネルギーは $8.00 \times 10^{-19}\ \mathrm{J}$ である。金属タングステンの仕事関数は $7.4 \times 10^{-19}\ \mathrm{J}$ なので，光電子のエネルギー E は $E = h\nu - W = (8.0 \times 10^{-19}) - (7.4 \times 10^{-19}) = 6.0 \times 10^{-20}\ \mathrm{J}$

2）速度 v で運動する質量 m の物体が伴う物質波の波長 λ は，$\lambda = \dfrac{h}{mv}$ で計算できる。

a)　$\lambda = \dfrac{h}{mv} = \dfrac{6.626 \times 10^{-34}}{(9.109 \times 10^{-31}) \times (1.1 \times 10^{7})} = 6.6 \times 10^{-11}\ \mathrm{m}$

b)　$\lambda = \dfrac{h}{mv} = \dfrac{6.626 \times 10^{-34}}{0.01 \times 100} = 6.626 \times 10^{-34}\ \mathrm{m}$

3）リュードベリーの式に，$\lambda = 656\ \mathrm{nm} = 6.56 \times 10^{-7}\ \mathrm{m}$，リュードベリー定数 $R_{\mathrm{H}} = 1.0973 \times 10^{7}\ \mathrm{m^{-1}}$，$n_2 = 3$ を代入して n_1 を求めるが，発光であるため $n_1 < n_2$ である。ゆえに，n_1 の候補は 1 もしくは 2 である。

$$\frac{1}{\lambda} = \frac{1}{6.56 \times 10^{-7}} = R_H\left(\frac{1}{n_1^2} - \frac{1}{n_2^2}\right)$$

$$= 1.0973 \times 10^{7}\left(\frac{1}{n_1^2} - \frac{1}{3^2}\right)$$

$n_1 = 2$ の場合に，上式を満たすので，$x = 2$ が答えである。

4）

量子仮説：原子核のまわりを運動する電子は，その角運動量（L）が $h/2\pi$ の整数倍となる円軌道の上しか運動できない。

定常状態の仮説：量子仮説で許された軌道上を運動する電子は，電磁波を発しないで定常的に運動を続けることができる。

遷移仮説：電子がある軌道から別の軌道に移るとき，軌道間のエネルギーに等しいエネルギーを持つ光子 1 つを放出したり，吸収したりする。

5）ボーア理論から導かれる水素型原子の軌道のエネルギーは

$$E_n = -\frac{m_0 Z^2 e^4}{8\varepsilon_0^2 h^2} \cdot \frac{1}{n^2}$$

である（Z は原子番号）。基底状態（$n = 1$）にある電子を，自由電子（$E = 0$）にするために必要なエネルギー（E）を求める。水素原子の場合は

$$E = \frac{m_0 e^4}{8\varepsilon_0^2 h^2} = 2.18 \times 10^{-18}\ \mathrm{J}$$ である。

Li^{2+} の場合は，

$$E = \frac{2^2 m_0 e^4}{8\varepsilon_0^2 h^2} = 8.72 \times 10^{-18}\ \mathrm{J}$$ である。

6）$\psi(x) = A\cos\left(\frac{2\pi}{\lambda}x\right)$ を x で 1 階微分すると，$\frac{d\psi(x)}{dx} = -A\left(\frac{2\pi}{\lambda}\right)\sin\left(\frac{2\pi}{\lambda}x\right)$ が得られる。さらに，もう 1 階微分すると，$\frac{d^2\psi(x)}{dx^2} = -A\left(\frac{2\pi}{\lambda}\right)^2\cos\left(\frac{2\pi}{\lambda}x\right)$ が得られる。この式にはもとの波動関数 $\psi(x) = A\cos\left(\frac{2\pi}{\lambda}x\right)$ が含まれているので，これを使って整理すると $\frac{d^2\psi(x)}{dx^2} = -\left(\frac{2\pi}{\lambda}\right)^2\psi(x)$ となる。この式は，まさに一次元の波動方程式そのものである。

7）長さ 10 nm の箱の中を運動する基底状態にある電子の波動関数は，$\psi(x) = \sqrt{\frac{2}{10}}\sin\left(\frac{\pi}{10}x\right) = \sqrt{\frac{1}{5}}\sin\left(\frac{\pi}{10}x\right)$ である。ゆえに，確率密度 $|\psi(x)|^2$ は $|\psi(x)|^2 = \frac{1}{5}\sin^2\left(\frac{\pi}{10}x\right)$ である。箱の中心は $x = 5$ nm

なので，$4 \leq x \leq 6$ の範囲に電子が見いだされる確率（P）を求めればよい。

この範囲で $|\psi(x)|^2$ を積分して P を求めると

$$P = \int_4^6 |\psi(x)|^2 dx = \int_4^6 \frac{1}{5} \sin^2\left(\frac{\pi}{10}x\right) dx$$

$$= \frac{1}{10}\int_4^6 \left(1 - \cos\frac{\pi}{5}x\right) dx = 0.1\left[x - \frac{5}{\pi}\sin\frac{\pi}{5}x\right]_4^6$$

$$= 0.1\left\{\left(6 - \frac{5}{\pi}\sin\frac{6\pi}{5}\right) - \left(4 - \frac{5}{\pi}\sin\frac{4\pi}{5}\right)\right\} = 0.197$$

よって $4 \leq x \leq 6$ の範囲に電子が見いだされる確率は，およそ 20% である。

8）主量子数，方位量子数，磁気量子数

主量子数は，軌道の大きさとエネルギーを決める。

方位量子数は，軌道の形を決める。

磁気量子数は，軌道の空間での配向を決める。

9）

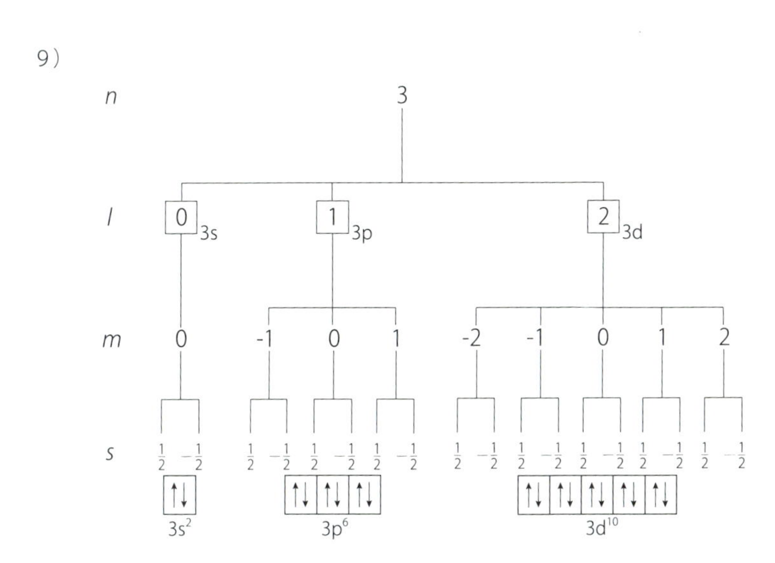

10）オービットとは，古典力学によって記述されるような質点として電子が運動する，はっきりと場所が決まっている軌道のことを指す。電子の運動を波として記述する量子論では，空間内において電子の存在確率を表す関数によって電子の軌道を記述する。量子論がえがくこのような軌道をオービタルという。電子は原子核のまわりを電子雲として取り囲み，空間的に広がりをもったものと見なされる。

11）1s 軌道の動径分布関数は $D_{1s}(r) = \dfrac{4}{a_0^{\,3}} r^2 \exp\left(-\dfrac{2r}{a_0}\right)$ である。極値は

$\dfrac{dD_{1s}(r)}{dr} = 0$ の時にとるので

$$\frac{dD_{1s}(r)}{dr} = \frac{4}{a_0^3}\frac{d}{dr}r^2\exp\left(-\frac{2r}{a_0}\right)$$

$$= \frac{4}{a_0^3}\left(2r\exp\left(-\frac{2r}{a_0}\right) - r^2\frac{2}{a_0}\exp\left(-\frac{2r}{a_0}\right)\right)$$

$$= \frac{8}{a_0^3}\left(r - \frac{r^2}{a_0}\right)\exp\left(-\frac{2r}{a_0}\right) = 0$$

$\exp\left(-\frac{2r}{a_0}\right) \neq 0$ なので，上式より $\left(r - \frac{r^2}{a_0}\right) = 0$ である。ゆえに，$r = 0$, a_0 で極値をとる。ただし，$r = 0$ は原子核上なのでこの場合，物理的な意味をもたない。

12)

Ne	$1s^2 2s^2 2p^6$
Ti	$1s^2 2s^2 2p^6 3s^2 3p^6 3d^2 4s^2$
O^{2-}	$1s^2 2s^2 2p^6$
Cl^-	$1s^2 2s^2 2p^6 3s^2 3p^6$
K^+	$1s^2 2s^2 2p^6 3s^2 3p^6$

13)

典型元素：すべての内殻軌道が電子で満たされている。原子番号の増大とともに，最外殻に電子が 1 個づつ規則的に増えていく元素群。

遷移元素：電子で満たされていない内殻軌道が存在する。最外殻は s 軌道。原子番号の増大とともに，内殻軌道に電子が充填されていく。一般に最外殻よりも主量子数が 1 つ小さい d 軌道に電子が充填されていくが，主量子数が 2 つ小さい f 軌道に電子が充填される元素群は，特にランタノイド，アクチノイドと呼ばれる。

14)

a)　物体の位置と運動量を同時に正確に求めることはできないことを示す原理。電子，原子のような微視的世界に対してのみ重要な意味を持つ。位置の誤差（Δx）と運動量の誤差（Δp）の積は，必ずプランク定数 h よりも大きくなる。

b)　運動する物体が必然的に伴う波動性のこと。物体の運動量 p と物質波の波長 λ の間には，次の関係がある。

$$\lambda = \frac{h}{mv} = \frac{h}{p}$$

c)　電子は 4 つの量子数（主量子数，方位量子数，磁気量子数，スピン量子数）によって規定される1つの状態には，1個の電子しか存在できないことを示す原理。この原理によれば，主量子数，方位量子数，磁気量子数の3つの量子数によって規定される1つの原子軌道には，スピンの方向が反対の2つの電子しか入れない。

d)　エネルギーが縮退した複数の軌道に電子が収容される際は，できるかぎり方位量子数が異なった軌道にスピンの向きを揃えて電子は配置しようとする傾向にあることを示す規則。

e)　電子の運動を波動として記述した場合，電子が伴う物質波の振幅を位置の関数で表したものを波動関数という。波動関数そのものに物理的な意味はない。

f)　波動関数を2乗したもの（複素関数の場合は共役関数をかけたもの）を確率密度という。確率密度は，ある位置での電子の存在確率を表す（ボルンの解釈）。

g)　金属に光を照射したときに，金属から電子（光電子）が飛び出してくる現象。光を振動数に比例したエネルギーを持つ粒子（光子）と考えることで，光電効果が合理的に解釈される。

h)　原子核から距離 r だけ離れた場所のどこかに電子を見いだす確率を表す関数。

15）

a)　中性の原子が1個の電子を受け取り1価の陰イオンになる際に放出されるエネルギーのこと。これが大きいほど，陰イオンになりやすい傾向にある。ハロゲンの値が大きい。

b)　化学結合を形成した際に，原子が電子を引きつける能力を相対的に数値化したもの。電気陰性度が大きいほど，電子を引きつける能力が高い。電気陰性度には色々な定義があるが，実測した結合（解離）エネルギーと純粋な共有結合からなるとした結合エネルギーの差を元に定義されたポーリングの電気陰性度と，第一イオン化エネルギーと電子親和力の算術平均を電気陰性度とするマリケンの定義が代表的である。マリケンの電気陰性度とポーリングの電気陰性度の間には一定の相関関係がある。

1）

a）ア）

イ）Br—Br

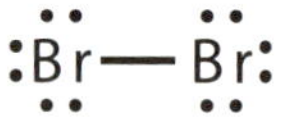

ウ）H—O$^+$—H（O—H）

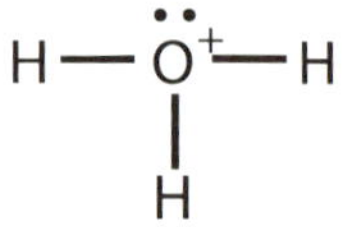

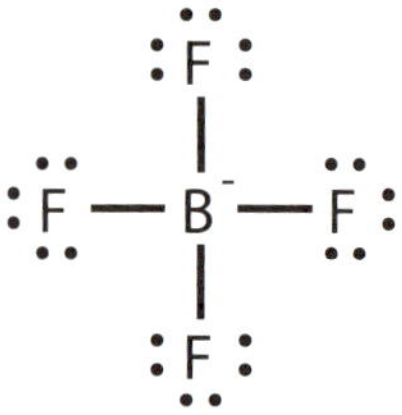

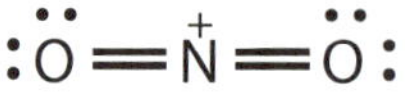

エ）F—B$^-$—F（B—F、B—F）

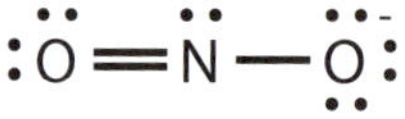

オ）H—C≡N

カ）O=N$^+$=O

キ）O=N—O$^-$

ク）O=C—O$^-$（C—O$^-$）

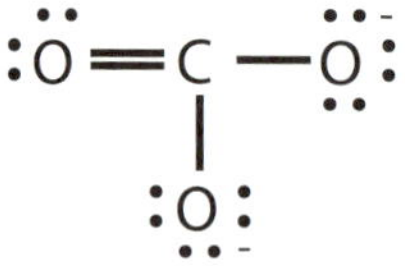

b）ウ）三角錐形

エ）四面体形

オ）直線形

カ）直線形

キ）折れ線形

ク）平面三角形

2）

a） Li_2

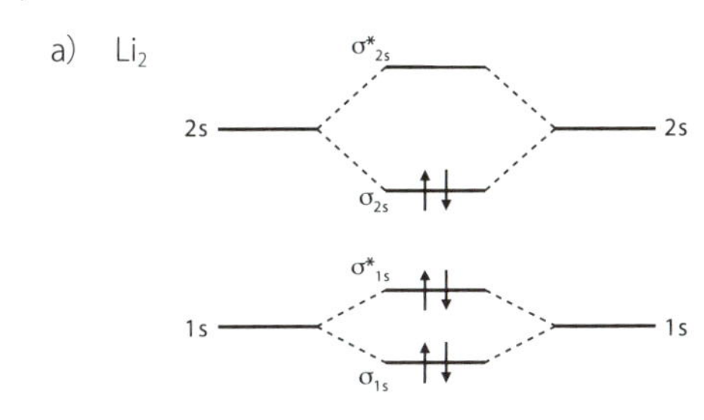

結合次数 1

二原子分子を生成する

Be_2

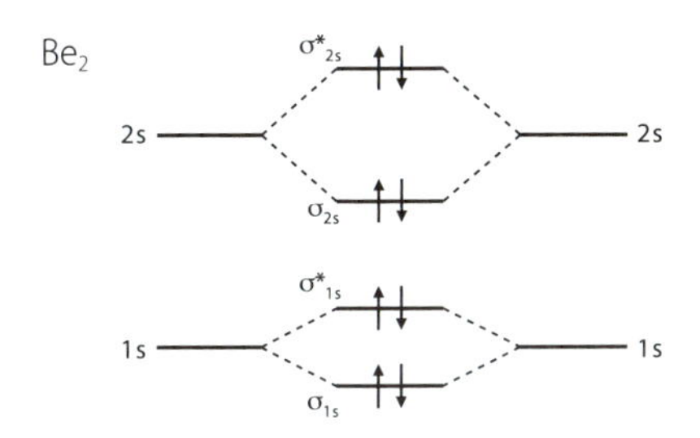

結合次数 0

二原子分子を生成しない

b） B_2

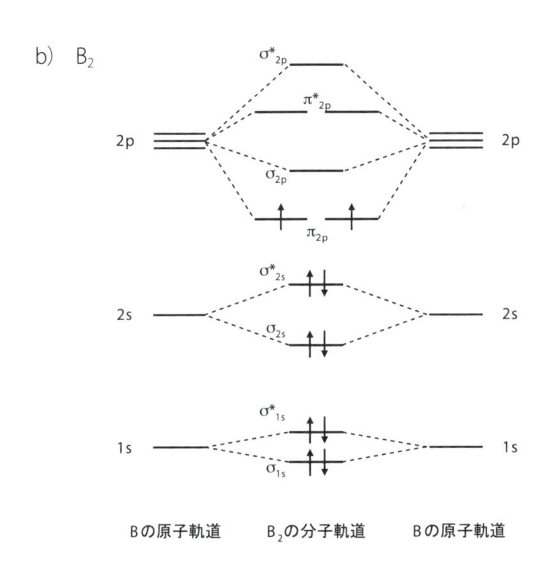

結合次数 1

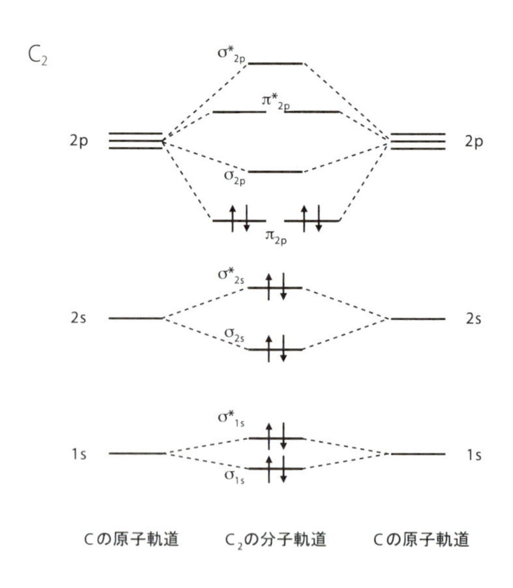

結合次数 2

c） F_2 の電子配置は図 4-23（a）に示すようになり，結合次数は 1 である。これに対し F_2^- では，反結合性の σ_{2p}* に電子が 1 個加わるため，結合次数が 0.5 になる。一方 F_2^+ では，F_2 の電子配置から π_{2p}* の電子が 1 個取り除かれるために，結合次数は 1.5 となる。以上より，結合次数は，F_2^-，F_2，F_2^+ の順に高くなり，それに対応して結合解離エネルギーも大きくなる。

3）

a） A　非結合性

B　結合性

C　反結合性

b）

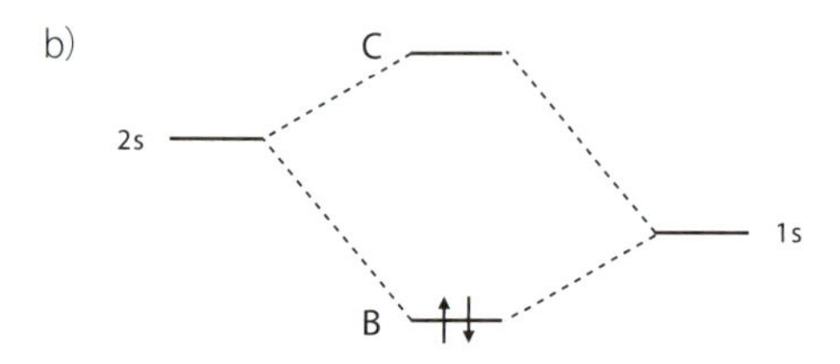

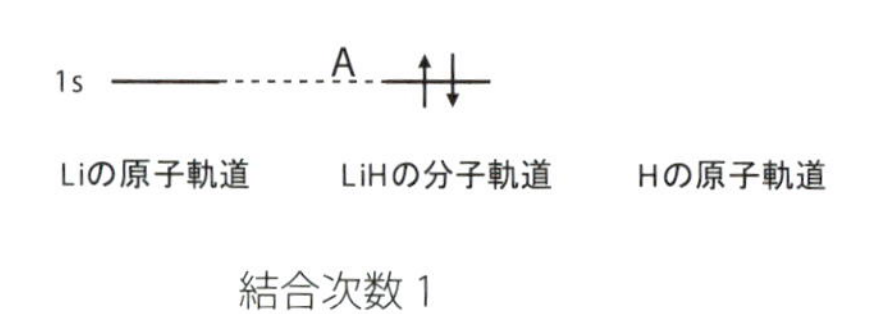

結合次数 1

c）

$$\frac{5.88\times(3.336\times10^{-30})}{0.160\times10^{-9}}=1.23\times10^{-19}\ \mathrm{C}$$

Li 原子　1.23×10^{-19} C

H 原子　-1.23×10^{-19} C

4）

a）シアン酸

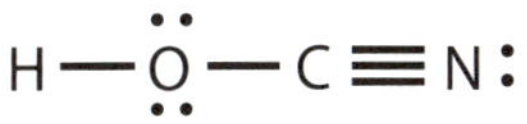

H—O—C≡N

イソシアン酸

H—N═C═O

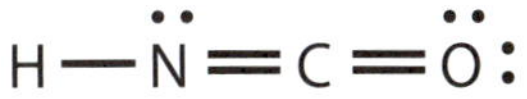

b）シアン酸

∠HOC　109.4°

∠OCN　180°

イソシアン酸

∠HNC　120°

∠NCO　180°

c）シアン酸

酸素原子　sp^3 混成軌道

炭素原子　sp 混成軌道

イソシアン酸

窒素原子　sp^2 混成軌道

炭素原子　sp 混成軌道

5）

a）ア）F—O—F

イ）F—Kr—F

ウ）F—Cl—F（Cl の上に F が結合）

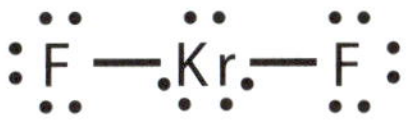

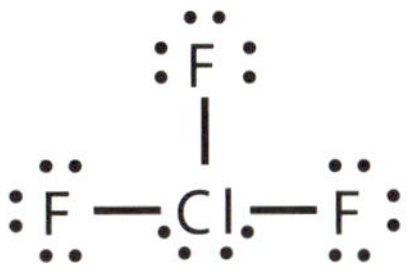

エ）

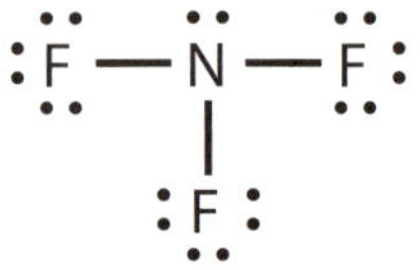

F — N — F
F

オ）

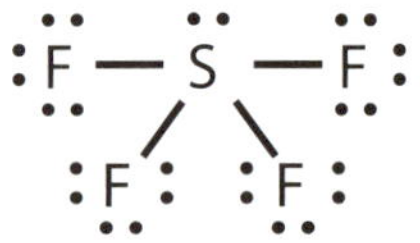

F — S — F
F F

カ）

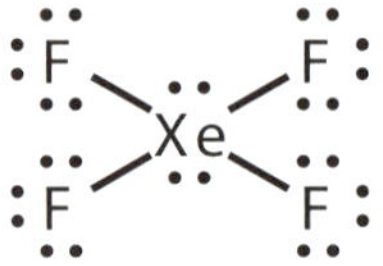

F F
Xe
F F

キ）

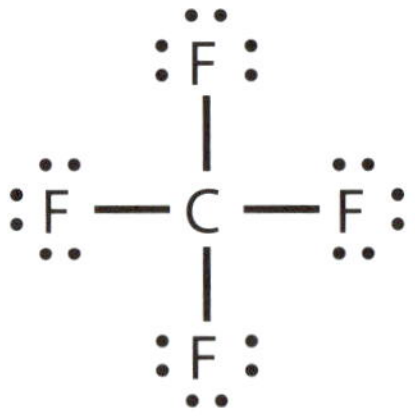

F
F — C — F
F

ク）

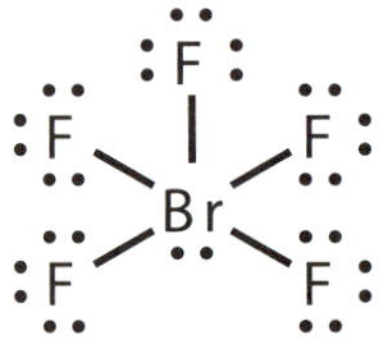

F
F F
Br
F F

ケ）

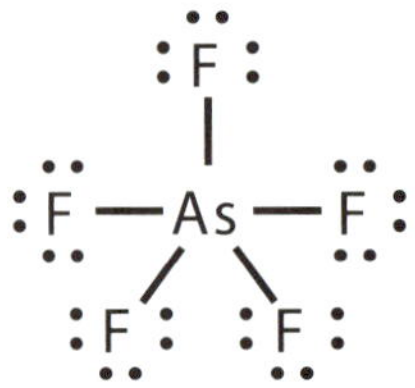

F
F — As — F
F F

コ）

F
F F
Se
F F
F

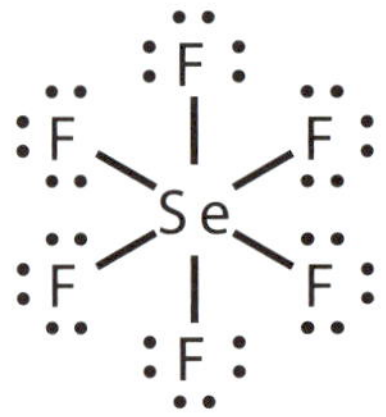

b）イ），ウ），オ），カ），ク），ケ），コ）

c）ア）折れ線形
イ）直線形
ウ）T 字形
エ）三方錐形
オ）シーソー形
カ）平面四角形
キ）四面体形
ク）四方錐形
ケ）三方両錐形
コ）八面体形

d）ア），ウ），エ），オ），ク）

6）

a）不対電子

第 3 章で学んだように，原子軌道には電子が 2 個まで入る。原子軌道に電子が 2 個入るとき，これが電子対をなす。原子軌道に 1 個しか電子が入っていない場合，この電子は対をつくらない。これを**不対電子**という。分子軌道の場合も同様に，軌道に 1 個しか電子が入っていない場合，これを不対電子という。

b）非共有電子対

共有結合は，2 個の原子が不対電子を出し合って，電子対（結合電子対）を形成することでつくられる。共有結合で結びつけられている原子は，共有結合に関わらない電子対をもともと持っている場合がある。このような電子対を**非共有電子対**という。

c）結合性分子軌道，反結合性分子軌道

分子軌道法では，一般的に，分子を構成する原子の原子軌道をもとにして分子軌道を構築する。元の原子軌道に比べエネルギーの低くなった分子軌道を**結合性分子軌道**，高くなった分子軌道を**反結合性分子軌道**という。

d）永久双極子モーメント

分子を構成している原子の電気陰性度に差がある場合，分子内の電荷分布に偏りが生じる。その結果，分子に双極子モーメントが生じる場合がある。この双極子モーメントは，分子の立体構造や電荷の偏り方に依存した，その分子固有の量であり，**永久双極子モーメント**という。

e) σ結合，π結合

原子価結合法では，不対電子の入った2つの原子軌道の重なりによって共有結合が形成されると考える。軌道の重なりが結合軸上にあり，結合軸に対して軸対称性を持っている結合を**σ結合**という。一方，結合軸と垂直方向を向いたp軌道同士の重なりのように，軌道の重なりが結合軸に対して軸対称性を持っていない結合を**π結合**という。

f) 昇　位

ベリリウム，ホウ素，炭素原子の原子価はそれぞれ2，3，4であるのに対し，これらの原子は基底状態でそれぞれ0個，1個，2個の不対電子しか持たない。この違いを解消するために，これらの原子では，分子をつくるときに，基底状態とは別の原子価状態に移っていると考える。この原子価状態は，基底状態で電子対をつくっている電子の1個が，よりエネルギーの高い軌道に移ることで，基底状態に比べ2個多い不対電子をもつ。このように原子が基底状態から原子価状態に移ることを**昇位**という。

g) 共　鳴

分子軌道法によれば，多原子分子の結合に関わる電子は分子を構成する3個以上の原子にわたって非局在化する。しかし原子価論やそれに立脚した原子価結合法では，2個の原子間で共有結合が形成する，という前提をおいているために，実際の結合を正しく表現できない場合がある。このような場合，原子価に基づいて描いた複数の構造式（極限構造式）を用いて表現する。これを**共鳴**という。実際の構造は，これら極限構造式を平均したものであると考えられる。

h) 分散力

無極性分子は永久双極子モーメントを持たないが，原子核と電子の位置の違いに起因して一時的な双極子が生じている。この一時的な双極子によって隣接する無極性分子に双極子が誘起される。その結果，無極性分子の間にも，一時的な双極子とそれにより誘起される双極子の間で弱いながら引力がはたらく。この引力を**分散力**という。

章末問題の解答　第5章

1）^{12}CO：

回転スペクトルの J から $J+1$ への遷移の電磁波の波数（cm^{-1}）は式（5-8）より

$$\nu_{J \to J+1} = \frac{h}{4\pi^2 cI}(J+1)$$

$J+1$ から $J+2$ への遷移は

$$\nu_{J+1 \to J+2} = \frac{h}{4\pi^2 cI}(J+2)$$

であるので、スペクトルの間隔 ν は、その差であり

$$\nu = \frac{h}{4\pi^2 cI}\,[\mathrm{cm^{-1}}]$$

となる。したがって分子の回転モーメント I は

$$I = \frac{h}{4\pi^2 c\nu} = \frac{6.626 \times 10^{-34}}{4 \times 3.1415^2 \times 2.998 \times 10^{10}\,(\mathrm{cm\,s^{-1}}) \times 3.85\,(\mathrm{cm^{-1}})}$$

$$= 1.454 \times 10^{-46}\ \mathrm{kg\,m^2}$$

一方原子の換算質量 μ は

$$\mu = \frac{12.0 \times 16.0/(12.0 + 16.0)}{6.02 \times 10^{-23}}\,\mathrm{g} = 1.139 \times 10^{-23}\,\mathrm{g} = 1.139 \times 10^{-26}\,\mathrm{kg}$$

よって

$$r^2 = \frac{I}{\mu} = \frac{1.454 \times 10^{-46}}{1.139 \times 10^{-26}} = 1.277 \times 10^{-20}\ \mathrm{m^2}$$

原子間距離 $r = 1.13 \times 10^{-10}\ \mathrm{m} = 0.113\ \mathrm{nm}$

2）各分子の振動スペクトルの位置を振動数に直すと

H_2：　4160 cm^{-1} $\nu_0 = 4160 \times 2.998 \times 10^{10}\,(\mathrm{cm\,s^{-1}})$

$= 1.2471 \times 10^{14}$ Hz

HD：3632 cm^{-1} $\nu_0 = 3632 \times 2.998 \times 10^{10}\,(\mathrm{cm\,s^{-1}})$

$= 1.0888 \times 10^{14}$ Hz

D_2：　2994 cm^{-1} $\nu_0 = 2994 \times 2.998 \times 10^{10}\,(\mathrm{cm\,s^{-1}})$

$= 8.976 \times 10^{13}$ Hz

である。

それぞれの分子の換算質量は

H_2　$\mu = \dfrac{1.00 \times 1.00/(1.00 + 1.00)}{6.02 \times 10^{-23}} = 8.303 \times 10^{-25}\,\mathrm{g}$

$= 8.303 \times 10^{-28}$ kg

HD　$\mu = \dfrac{2.00 \times 1.00/(2.00 + 1.00)}{6.02 \times 10^{-23}} = 1.107 \times 10^{-24}\,\mathrm{g}$

$= 1.139 \times 10^{-26}$ kg

$D_2 \quad \mu = \dfrac{2.00 \times 2.00/(2.00 + 2.00)}{6.02 \times 10^{-23}} = 1.661 \times 10^{-24}\ \mathrm{g}$

$= 1.661 \times 10^{-27}\ \mathrm{kg}$

式（5-7）より

$k = (2\pi\nu_0)^2 \times \mu$

H_2： $k = (2 \times 3.1415 \times 1.2471 \times 10^{14})^2 \times 8.303 \times 10^{-28}\ \mathrm{N\ m^{-1}}$

$= 5.10 \times 10^2\ \mathrm{N\ m^{-1}}$

HD：$k = (2 \times 3.1415 \times 1.0888 \times 10^{14})^2 \times 1.139 \times 10^{-27}\ \mathrm{N\ m^{-1}}$

$= 5.33 \times 10^2\ \mathrm{N\ m^{-1}}$

D2：$k = (2 \times 3.1415 \times 8.976 \times 10^{13})^2 \times 1.661 \times 10^{-27}\ \mathrm{N\ m^{-1}}$

$= 5.28 \times 10^2\ \mathrm{N\ m^{-1}}$

3）

	イオン結晶	分子結晶	金属結晶	共有結合結晶
構成粒子	陽イオンと陰イオン	分子	陽イオンと自由電子	原子
粒子間力	静電引力	ファンデルワールス力	金属結合	共有結合
融　点	高い	低い	比較的高い	高い
沸　点	高い	低い	高い	高い
電気伝導	低い	低い	高い	低い
硬　さ	硬い	軟らかい	延性展性がある	硬い
溶解性	極性溶媒に溶ける	非極性溶媒に溶ける	溶けない	溶けない
例	NaCl, KCl $CuSO_4$	CO_2, I_2	Cu 等金属全般	ダイヤモンド, SiO_2

4）微小な光路長 dx を持つ溶液 A に、光強度 I の光を入射したとき，この溶液によって吸収される光の量 $-dI$ は，入射光強度 I，光路長 dx，濃度 c に比例するので

$dI = k \times I \times c \times dx$

となる。ただし，k は溶質に固有の係数で光の波長に依存する。

この式を積分型に直すと

$$\int_{I_0}^{I} \frac{dI}{I} = -kc\int_{X=0}^{X=l} dx$$

したがって

$$\log_e I - \log_e I_0 = \log_e \frac{I}{I_0} = -kcl$$

これより

$$I = I_0 \exp(-kcl) = I_0\, 10^{-kcl/2.303} = I_0\, 10^{-\varepsilon cl}$$

となる。ただし，$\varepsilon = \dfrac{k}{2.303}$ であり，吸光係数である。

5）NaCl は図 5-17（a）の立体構造を持つ結晶である。隣り合う Na イオンと Cl イオンとの距離を a（cm）とする。

図 5-17（a）のユニットには Na イオンと Cl イオンがそれぞれ 4 個分含まれる。その質量は

$$\frac{58.44 \times 4}{6.022 \times 10^{23}} = 3.882 \times 10^{-22}\ \mathrm{g}$$

である。また，その体積は $8a^3$ なので，密度は

$$\frac{3.882 \times 10^{-22}}{8a^3\ \mathrm{g\ cm^{-3}}} = 2.18\ \mathrm{g\ cm^{-3}}$$

これより

$$a = 2.81 \times 10^{-8}\ \mathrm{cm} = 0.281\ \mathrm{nm}$$

もっとも近い Na イオン間の距離は

$$0.281 \times \sqrt{2} = 0.397\ \mathrm{nm}$$

となる。Cl 同士も同じ距離である。

1）Na と Cl のイオン半径の和は

$r_{\mathrm{Na}} + r_{\mathrm{Cl}} = 0.102 + 0.181 = 0.283\ \mathrm{nm}$

a と比較すると、ほぼ同じとなるので，Na と Cl イオンは接していると考えられる。

2）Cl のイオン半径の 2 倍は

$0.181 \times 2 = 0.362\ \mathrm{nm}$ となり Cl イオン間の距離のほうが少し大きいので、**少し離れて**いる。

3）Na のイオン半径の 2 倍は

$0.102 \times 2 = 0.204\ \mathrm{nm}$ となり Na イオン間の距離より小さいので，**かなり離れて**いる。

図 5-16（a）のような配置である。

1）式（6–11）より分子の持つ運動エネルギーは

$$E = \frac{3}{2}RT$$

なので

a）$T = 0\ ℃ = 273.15\ \mathrm{K}$ では

$$E = \frac{3}{2} \times 8.314 \times 273.15\ \mathrm{J\ mol^{-1}} = 3406\ \mathrm{J\ mol^{-1}} = 3.406\ \mathrm{kJ\ mol^{-1}}$$

分子 1 個では

$$E = \frac{3406}{6.022 \times 10^{23}}\ \mathrm{J} = 5.655 \times 10^{-21}\ \mathrm{J}$$

b）$T = 25\ ℃ = 298.15\ \mathrm{K}$ では

$$E = \frac{3}{2} \times 8.314 \times 298.15\ \mathrm{J\ mol^{-1}} = 3718\ \mathrm{J\ mol^{-1}} = 3.718\ \mathrm{kJ\ mol^{-1}}$$

分子 1 個では

$$E = \frac{3718}{6.022 \times 10^{23}}\ \mathrm{J} = 6.174 \times 10^{-21}\ \mathrm{J}$$

2）ファンデルワールス定数は表 6–1 より

酸素：　$a = 1.36 \times 10^{-1}$，$b = 3.18 \times 10^{-5}$

二酸化炭素：$a = 3.59 \times 10^{-1}$，$b = 4.27 \times 10^{-5}$

式（6–14）より

臨界温度は

酸素：

$$T_\mathrm{C} = \frac{8 \times a}{27 \times bR} = \frac{8 \times 1.36 \times 10^{-1}}{27 \times 3.18 \times 10^{-5} \times 8.314} = 152.4\ \mathrm{K}$$

二酸化炭素：

$$T_\mathrm{C} = \frac{8 \times a}{27 \times bR} = \frac{8 \times 3.59 \times 10^{-1}}{27 \times 4.27 \times 10^{-5} \times 8.314} = 299.6\ \mathrm{K}$$

臨界圧は

酸素：

$$P_\mathrm{C} = \frac{a}{27 \times b^2} = \frac{1.36 \times 10^{-1}}{27 \times (3.18 \times 10^{-5})^2} = 4.98 \times 10^6\ \mathrm{Pa}$$

二酸化炭素：

$$P_\mathrm{C} = \frac{a}{27 \times b^2} = \frac{3.59 \times 10^{-1}}{27 \times (4.27 \times 10^{-5})^2} = 7.29 \times 10^6\ \mathrm{Pa}$$

3）式（6-17）より，圧力による融点変化は小さいと仮定すると，近似的に

$$\Delta T = (V_l - V_s) \times T \times \frac{\Delta P}{\Delta H_{fus}}$$

となる。

$(V_l - V_s) = -1.62 \times 10^{-6}\ \mathrm{m^3\ mol^{-1}}$

$T = 273.15\ \mathrm{K}$

$\Delta P = 20 \times 1.01325 \times 10^5\ \mathrm{Pa}$

$\Delta H_{fus} = 6.01 \times 10^3\ \mathrm{J\ mol^{-1}}$

を代入すると

$$\Delta T = \frac{-1.62 \times 10^{-6} \times 273.15 \times 20 \times 1.01325 \times 10^5}{6.01 \times 10^3}\ \mathrm{K}$$

$$= 0.149\ \mathrm{K}$$

4）水の飽和蒸気圧が 0.001 気圧である温度は約－20℃なので，－10℃の氷を 0.001 気圧に保てる容器内に置くと，直ちに昇華が起こり－20℃まで温度が下がる。この後，0.001 気圧を保つ限り，氷に熱を加えても昇華熱によって熱が奪われ，氷の温度は－20℃から変化する事はなく，最後はすべて昇華してしまう。水の三重点の圧力よりも低い気圧下では，氷は融解する事なく，昇華してしまう。これは凍結乾燥の原理である。

索　引

ら　行

アルファベット

著者略歴

田中俊逸（たなかしゅんいつ）(1, 2 章)

1979年　北海道大学大学院理学研究科修士課程修了
現　職　北海道大学名誉教授
　　　　理学博士

神谷裕一（かみやゆういち）(3 章)

1997年　名古屋大学大学院工学研究科修士課程修了
現　職　北海道大学大学院地球環境科学研究院教授
　　　　博士（工学）

廣川　淳（ひろかわじゅん）(4 章)

1994年　東京大学大学院理学系研究科化学専攻博士課程修了
現　職　北海道大学大学院地球環境科学研究院准教授
　　　　博士（理学）

中村　博（なかむらひろし）(5, 6 章)

1978年　九州大学大学院工学研究科博士課程修了
現　職　北海道大学名誉教授
　　　　工学博士

基礎の化学（きそのかがく）

2015 年 3 月 31 日　初版第 1 刷発行
2024 年 3 月 30 日　初版第 4 刷発行

著　者　田中俊逸
　　　　神谷裕一
　　　　廣川　淳
　　　　中村　博
発行者　秀島　功
印刷者　伊藤貴礼

発行所　三共出版株式会社
郵便番号 101-0051
東京都千代田区神田神保町 3 の 2
振替 00110-9-1065
電話 03-3264-5711 FAX 03-3265-5149
https://www.sankyoshuppan.co.jp/

一般社団法人日本書籍出版協会・一般社団法人自然科学書協会・工学書協会　会員

Printed in Japan　　版下　創英・印刷製本　惠友印刷

ISBN978-4-7827-0720-3

原子量表

（元素の原子量は，質量数12の炭素（^{12}C）を12とし，これに対する相対値とする。但し，この^{12}Cは核および電子が基底状態にある結合していない中性原子を示す。）

多くの元素の原子量は通常の物質中の同位体存在度の変動によって変化する。そのような元素のうち 13 の元素については，原子量の変動範囲を［a, b］で示す。この場合，元素 E の原子量 A_r(E) は $a \leq A_r$(E) $\leq b$ の範囲にある。ある特定の物質に対してより正確な原子量が知りたい場合には，別途求める必要がある。その他の 71 元素については，原子量 A_r(E) とその不確かさ（括弧内の数値）を示す。不確かさは有効数字の最後の桁に対応する。

原子番号	元素記号	元　素　名	原子量	脚注
1	H	Hydrogen	[1.00784; 1.00811]	m
2	He	Helium	4.002602(2)	g r
3	Li	Lithium	[6.938; 6.997]	m
4	Be	Beryllium	9.0121831(5)	
5	B	Boron	[10.806; 10.821]	m
6	C	Carbon	[12.0096; 12.0116]	
7	N	Nitrogen	[14.00643; 14.00728]	m
8	O	Oxygen	[15.99903; 15.99977]	m
9	F	Fluorine	18.998403163(6)	
10	Ne	Neon	20.1797(6)	gm
11	Na	Sodium	22.98976928(2)	
12	Mg	Magnesium	[24.304; 24.307]	
13	Al	Aluminium	26.9815384(3)	
14	Si	Silicon	[28.084; 28.086]	
15	P	Phosphorus	30.973761998(5)	
16	S	Sulfur	[32.059; 32.076]	
17	Cl	Chlorine	[35.446; 35.457]	m
18	Ar	Argon	[39.792; 39.963]	g r
19	K	Potassium	39.0983(1)	
20	Ca	Calcium	40.078(4)	g
21	Sc	Scandium	44.955908(5)	
22	Ti	Titanium	47.867(1)	
23	V	Vanadium	50.9415(1)	
24	Cr	Chromium	51.9961(6)	
25	Mn	Manganese	54.938043(2)	
26	Fe	Iron	55.845(2)	
27	Co	Cobalt	58.933194(3)	
28	Ni	Nickel	58.6934(4)	r
29	Cu	Copper	63.546(3)	r
30	Zn	Zinc	65.38(2)	r
31	Ga	Gallium	69.723(1)	
32	Ge	Germanium	72.630(8)	
33	As	Arsenic	74.921595(6)	
34	Se	Selenium	78.971(8)	r
35	Br	Bromine	[79.901; 79.907]	
36	Kr	Krypton	83.798(2)	gm
37	Rb	Rubidium	85.4678(3)	g
38	Sr	Strontium	87.62(1)	g r
39	Y	Yttrium	88.90584(1)	
40	Zr	Zirconium	91.224(2)	g
41	Nb	Niobium	92.90637(1)	
42	Mo	Molybdenum	95.95(1)	g
43	Tc	Technetium*		
44	Ru	Ruthenium	101.07(2)	g
45	Rh	Rhodium	102.90549(2)	
46	Pd	Palladium	106.42(1)	g
47	Ag	Silver	107.8682(2)	g
48	Cd	Cadmium	112.414(4)	g
49	In	Indium	114.818(1)	
50	Sn	Tin	118.710(7)	g
51	Sb	Antimony	121.760(1)	g
52	Te	Tellurium	127.60(3)	g
53	I	Iodine	126.90447(3)	
54	Xe	Xenon	131.293(6)	gm
55	Cs	Caesium	132.90545196(6)	
56	Ba	Barium	137.327(7)	
57	La	Lanthanum	138.90547(7)	g
58	Ce	Cerium	140.116(1)	g
59	Pr	Praseodymium	140.90766(1)	
60	Nd	Neodymium	144.242(3)	g
61	Pm	Promethium*		
62	Sm	Samarium	150.36(2)	g
63	Eu	Europium	151.964(1)	g
64	Gd	Gadolinium	157.25(3)	g
65	Tb	Terbium	158.925354(8)	
66	Dy	Dysprosium	162.500(1)	g
67	Ho	Holmium	164.930328(7)	
68	Er	Erbium	167.259(3)	g
69	Tm	Thulium	168.934218(6)	
70	Yb	Ytterbium	173.045(10)	g
71	Lu	Lutetium	174.9668(1)	g
72	Hf	Hafnium	178.49(2)	
73	Ta	Tantalum	180.94788(2)	
74	W	Tungsten	183.84(1)	
75	Re	Rhenium	186.207(1)	
76	Os	Osmium	190.23(3)	g
77	Ir	Iridium	192.217(2)	
78	Pt	Platinum	195.084(9)	
79	Au	Gold	196.966570(4)	
80	Hg	Mercury	200.592(3)	
81	Tl	Thallium	[204.382; 204.385]	
82	Pb	Lead	207.2(1)	g r
83	Bi	Bismuth*	208.98040(1)	
84	Po	Polonium*		
85	At	Astatine*		
86	Rn	Radon*		
87	Fr	Francium*		
88	Ra	Radium*		
89	Ac	Actinium*		
90	Th	Thorium*	232.0377(4)	g
91	Pa	Protactinium*	231.03588(1)	
92	U	Uranium*	238.02891(3)	gm
93	Np	Neptunium*		
94	Pu	Plutonium*		
95	Am	Americium*		
96	Cm	Curium*		
97	Bk	Berkelium*		
98	Cf	Californium*		
99	Es	Einsteinium*		
100	Fm	Fermium*		
101	Md	Mendelevium*		
102	No	Nobelium*		
103	Lr	Lawrencium*		
104	Rf	Rutherfordium*		
105	Db	Dubnium*		
106	Sg	Seaborgium*		
107	Bh	Bohrium*		
108	Hs	Hassium*		
109	Mt	Meitnerium*		
110	Ds	Darmstadtium*		
111	Rg	Roentgenium*		
112	Cn	Copernicium*		
113	Nh	Nihonium*		
114	Fl	Flerovium*		
115	Mc	Moscovium*		
116	Lv	Livermorium*		
117	Ts	Tennessine*		
118	Og	Oganesson*		

*：安定同位体のない元素。これらの元素については原子量が示されていないが，ビスマス，トリウム，プロトアクチニウム，ウランは例外で，これらの元素は地球上で固有の同位体組成を示すので原子量が与えられている。

g：当該元素の同位体組成が通常の物質が示す変動幅を超えるような地質学的試料が知られている。そのような試料中では当該元素の原子量とこの表の値との差が，表記の不確かさを越えることがある。

m：不詳な，あるいは不適切な同位体分別を受けたために同位体組成が変動した物質が市販品中に見いだされることがある。そのため，当該元素の原子量が表記の値とかなり異なることがある。

r：通常の地球上の物質の同位体組成に変動があるために表記の原子量より精度の良い値を与えることができない。表中の原子量および不確かさは通常の物質に摘要されるものとする。